대사증후군 예방을 위한

약선 레시피

Medicinal Food [Yakseon] *Recipe*

21세기사

대사증후군 예방을 위한

약선 레시피

Medicinal Food [Yakseon] *Recipe*

국립농업과학원 지음

현대인이 걸리기 쉬운 대사증후군 증상

당뇨 Diabetes

고혈압 Hypertension

고지혈증 Hyperlipidemia

비만 Obesity

❀ 농촌진흥청과 경희대학교가 공동으로
약선 선별 및 표준 레시피 개발

❀ 대사증후군에 따른 맞춤식 약선 레시피 30가지

❀ 외국인도 활용이 가능한 영문 표준 레시피

❀ 일반인들도 쉽게 접할 수 있는 식약재 79종 선별

21세기사

발간사 | FOREWORD

약선藥膳은 약이 되는 음식을 말합니다. 조선시대에 편찬된 우리나라 최고最古의 식이요법서인 식료찬요食療纂要에서도 볼 수 있듯이 우리 조상들은 음식으로 몸을 다스려왔습니다. 최근 우리도 건강한 삶을 추구하게 되면서 몸에 좋은 음식에 대한 관심이 높아지고, 이에 따라 약선이 새롭게 주목받고 있습니다.

그동안 우리 사회의 급격한 성장과 더불어 식생활에도 많은 변화를 가져왔으며, 이러한 식생활의 결과가 대사증후군을 비롯한 생활습관병의 주요 원인으로 작용한다는 점은 잘 알려져 있습니다. 이런 가운데 대사증후군 예방을 위한 약선 조리법 개발과 보급은 더욱더 의미가 있다고 봅니다.

본 책자에는 일반인들도 쉽게 접할 수 있도록 식약재 79종에 대한 설명과 이를 활용한 30가지의 약선 표준 조리법이 담겨 있습니다. 약선의 세계화를 도모하고자 외국인들도 활용할 수 있도록 약선의 영문 표준 조리법을 병행 수록하였습니다. 약선은 비단 우리나라뿐만 아니라 만성질환 증가를 예방하기 위해 식습관 개선에 노력하고 있는 세계 각국에서도 충분히 관심을 가질 수 있는 우리의 전통 식문화라고 확신합니다.

그간 각계에서 한식 세계화 사업을 추진하면서, 한식을 건강식으로 알리는 데 주력하던 것에서 한걸음 더 나아가 이제는 '약이 되는 한식'의 이미지로 외국인에게 그 매력을 충분히 전달할 수 있을 것으로 기대합니다.

약선에 관심이 많은 일반인에게는 물론 한식 세계화 사업에 박차를 가하고 있는 정부 및 민간에서도 약선의 세계화를 위하여 유용하고 실용적인 자료가 될 것이라고 생각됩니다. 이 책이 발간되기까지 애써 주신 경희대학교 조여원 교수님과 연구진께 감사의 마음을 전합니다.

국립농업과학원장

정광용

머리말

최근 한식에 대한 관심이 세계적으로 급증하는 추세에 있습니다. 2004년 국제보건기구World Health Organization: WHO는 한식을 '영양균형을 갖춘 모범식'으로 인정하였으며, 2009년 '국가브랜드위원회'에서는 한식을 외국인이 생각하는 한국의 대표적인 이미지로 보고하였습니다. 또한 여러 연구에서 한식은 재료와 조리법 모두 건강식을 충족시킬 수 있어 세계화의 가능성이 높다고 평가하였습니다. 한식의 세계화를 위하여 건강과 관련된 한식의 기능성을 부각한다면 우리나라의 식문화를 세계에 알릴 수 있는 좋은 기회가 될 것입니다.

예로부터 우리 조상들은 '약식동원藥食同源'이라 하여 의약과 식품의 근원을 하나로 보았습니다. 우리나라의 식문화는 전통 의학의 사상과 이론을 바탕으로 식품이 가지고 있는 영양적 특성과 식약재의 기능적 특성을 조화시켜 음식의 맛을 즐기면서 동시에 질병을 예방하려는 노력으로 이어졌습니다.

약선藥膳은 한의학에 근거한 천연식품 중 국가에서 인정한 식용 가능한 약재를 이용하여 음식을 조리하는 것입니다. 동양에서는 음식의 중요성을 인식하여 식의食醫라는 제도를 두었으며 환자의 증상을 살펴 음식으로 치료하고 질병치료 이후에도 섭생의 중요성을 강조하였습니다. 이와 같이 약이 되는 약선의 중요성을 인식하고 현대 과학에 기반을 둔 약선의 개발과 세계화는 시대적 요청입니다.

전 세계적으로 급증하고 있는 대사증후군 당뇨병, 고혈압, 고지혈증, 비만 예방을 위하여 농촌진흥청과 함께 경희대학교에서는 국내 최초로 약선을 선별하고 표준 레시피를 개발하였습니다. 본 레시피 개발에 앞서 대사증후군 예방에 적용 가능한 식약재를 선별하고 국내 거주 외국인을 대상으로 약선의 인지도와 필요성을 조사한 후 관능검사를 통하여 외국인 기호에 맞는 차별화된 메뉴로 약선의 세계화를 꾀하였습니다. 또한 메뉴개발 시 약성, 조리법, 맛, 향, 외관 등을 고려하여 표준화된 조리법을 확립하였으며 영문 표준 조리법을 구축하였습니다.

약선의 세계화라는 사명감으로 본 책을 발행하는 데 관심 있게 살펴주신 영양학, 의학, 한의학, 조리학 각 분야의 전문 자문위원님들께 감사의 말씀을 전합니다. 약선 실험 조리에 여러 차례 시행착오를 겪으면서도 최선을 다하여 레시피 완성에 힘써 주신 임상영양연구소 김윤영, 이인회, 김남희 연구원님과 설문조사와 관능검사 실시에 도움을 준 동서의학대학원 의학영양학과 박진희, 석완희 선생께도 감사의 말씀을 전합니다. 또한 여러 약재와 조리방법을 외국어로 번역해 주신 Thibault Souchon 씨와 김종희 님께도 깊은 감사를 드립니다.

경희대학교 동서의학대학원 교수
경희대학교 임상영양연구소장
조여원

차 례 |CONTENTS

PART 2
대사증후군별 맞춤식 약선레시피

당 뇨

고혈압

영문판 약선레시피

PART 1
대사증후군 바로 알고 살피기

현대인의 건강을 위협하고 있는 대사증후군은 이후 당뇨, 고혈압, 고지혈증, 비만 등 만성질환으로 발전할 수 있는 위험요인이 된다. 이는 일상생활 속 개인의 생활습관에 따라 예방이 가능하므로, 평소 식사요법, 운동, 금연 등의 건강한 생활습관 관리가 요구된다.

PART 1 :

대사증후군
바로 알고 살피기

우리나라 성인 3명 중 2명은 복부비만, 고지혈증, 지방간 등의 건강 위험요인을 보유하고 있다. 보건복지부에 따르면 2008년 국민건강영양조사를 토대로 20세 이상 성인 3,687만 명 가운데 만성질환 위험인자를 보유한 인구를 분석한 결과, 건강 위험요인을 한 가지 이상 보유한 인구는 65.9%에 이른다. 무려 2,429만 명의 성인이 대사증후군, 즉 허리둘레남성: 90cm, 여성: 85cm 이상, 고혈압 전 단계130/85mmHg 이상, 공복혈당장애100mg/dL, 저HDL-콜레스테롤남성: 40mg/dL 미만, 여성: 50mg/dL 미만, 고중성지방혈증150mg/dL 이상 중 한 가지 이상의 건강 위험요인을 지니고 있는 것이다. 특히, 다섯 가지 건강 위험요인 중 세 가지 이상을 보유한 사람도 693만 명으로 성인인구의 18.8%로 나타났다. 이들은 당뇨, 동맥경화 등 의료비 부담이 큰 만성질환자로 발전할 가능성이 높다는 점에서 평소에 식사요법, 운동, 금연, 절주 등을 통한 생활습관 관리가 절실히 요구된다. 비만, 고혈압, 고혈당, 고중성지방혈증 등 대사증후군 위험요인을 사전에 적절하게 관리하면 만성질환의 예방이 가능하며, 특히 건강한 생활습관으로 예방적 건강관리가 꼭 필요하다.

대사증후군이란?

현대인의 **건강**을 **위협**하는 **대사증후군** 최근 의학 분야에서 대사증후군代謝症候群 : Metabolic syndrome이라는 용어가 가장 많이 쓰이게 된 이유는 선진국에서 동맥경화성 심혈관 질환의 원인을 분석하는 과정에서 여러 가지 연관된 요인들이 동시에 존재하는 것이 알려지면서 이에 대한 관심이 높아졌기 때문이다.

이 증상은 오래전부터 알려져 왔으나, 1988년 리벤Reaven이 이러한 증상들의 공통적인 원인이 체내의 인슐린 작용이 잘 되지 않는 인슐린 저항성임을 주장하고 '엑스x 증후군', '인슐린 저항성 증후군'이라 명명하였다. 그러나 1998년에 세계보건기구 WHO는 인슐린 저항성이 이 증상들의 모든 요소를 다 설명할 수 있다는 확증이 없기에 '인슐린 저항성 증후군'이라는 용어 대신 '대사증후군'으로 명명하기 시작했다.

대사증후군이란 오랫동안 우리 체내 대사에 장애가 일어나 내당능장애당뇨 전 단계, 고혈압, 비만, 고지혈증, 동맥경화증 등 여러 가지 만성질환이 한꺼번에 나타나는 것을 말한다. 즉, 체내에서 인슐린이 제대로 만들어지지 않거나 제 기능을 하지 못해 여러 가지 성인병이 복합적으로 나타나는 것이다. 따라서 대사증후군이 유발될 경우, 심혈관질환 혹은 제2형 당뇨의 발병 위험도 증가한다. 당뇨가 없는 대사증후군의 경우, 정상인에 비해 심혈관계질환에 걸릴 확률이 평균 1.5~3배 정도 높으며, 당뇨에 걸릴 확률은 3~5배 높다.

현대인들의 영양과잉과 운동부족의 경향이 높아짐에 따라 이미 선진국에서는 국민 삶의 질과 사회경제적 비용을 감소하기 위해 적극적인 예방 운동을 수년 전부터 진행해 오고 있다. 우리나라는 전체 국민의 3명 중 1명이 대사증후군인 것으로 나타났음에도 불구하고 전체 환자 중 본인의 증상을 알고 있는 사람은 12.2%에 불과한 상황이다.

소소한 **生活習慣**이
　　부르는 **대사증후군**　　대사증후군의 발병 원인은 잘 알려져 있지 않다. 일반적으로 인슐린 저항성insulin resistance이 근본 원인으로 작용한다고 추정하고 있지만 이 역시 대사증후군의 발병을 충분히 설명하지는 못한다. 인슐린 저항성이란 혈당을 낮추는 인슐린에 대한 몸의 반응이 감소하여 근육 및 지방세포로 포도당이 잘 유입되지 못하고 이를 극복하고자 더욱 많은 인슐린이 분비되어 여러 가지 문제를 일으키는 것을 말한다. 인슐린 저항성은 환경 및 유전적 요인으로 인해 발생하는데, 인슐린 저항성을 일으키는 환경적 요인으로는 비만이나 운동부족과 같이 생활습관과 관련된 것으로 알려져 있고, 유전적 요인은 아직 명확히 밝혀지지 않고 있다.

스스로 체크해 보는
　　　　대사증후군　　여러 학자들과 학술단체들의 거듭된 노력으로 전 세계적으로 사용할 수 있는 대사증후군의 진단 기준이 확립되었다. 이에 우리나라도 비만 및 대사증후군의 유병률이 증가하고 있는 시점에서 한국인의 대사증후군 진단 기준 확립을 위해 한국인에게 적합한 허리둘레 기준치를 마련하였다. 설정된 복부비만의 기준을 적용한 한국인에게 합당한 대사증후군의 진단 기준은 다음과 같다.

한국인에서 대사증후군의 진단 기준

구 분	내 용
복부 비만	허리둘레 ≥ 90cm(남), ≥ 85cm(여)
다음 항목 중 두 가지 이상이 있을 때	
고중성지방혈증	중성지방 ≥ 150mg/dL 혹은 치료제 복용
낮은 HDL-콜레스테롤혈증	HDL-콜레스테롤 〈 40mg/dL(남), 〈 50mg/dL(여) 혹은 치료제 복용
높은 혈압	혈압 ≥ 130/85mmHg 혹은 고혈압 치료제 복용
혈당 장애	공복혈당 ≥ 100mg/dL 혹은 제2형 당뇨

출처 대사증후군의 관리 진료실 가이드, 대한 비만학회 2008

✔ 대사증후군 체크리스트

구 분	항 목	체크(V)
아 침	늦잠을 자고, 아침을 거르고 허둥지둥 출근길에 오른다.	
	아침 출근 지하철 계단을 오를 때도 헉헉거린다.	
	모닝커피 타임에는 달콤한 케이크나 쿠키를 곁들여 먹는다.	
점 심	점심은 탄수화물, 육류 위주로 푸짐하게 먹는다.	
	점심시간이 끝나면 아무 활동 없이 곧바로 자리에 앉는다.	
	간식을 고를 때 '콜레스테롤 무함유', '무설탕' 등이 표시된 제품은 먹어도 살이 찌지 않는다고 생각한다.	
	라이트음료, 건강음료, 스포츠음료에는 열량이 없다고 판단하여 물 대신 계속 마신다.	
저 녁	외식/뷔페를 가는 날에는 많이 먹기 위해 이전 끼니를 건너뛴다.	
	나는 회식자리에서 항상 분위기 메이커이다.	
	회식 시 고기를 먹은 후에 공깃밥을 시켜 식사를 또 한다.	
	음식이나 술을 거절하는 것은 예의상 어긋난다고 생각한다.	

1) 위의 표 중 10~11개 체크(V)를 한 사람 : 의사를 만나 바로 상담하여야 할 상황
2) 위의 표 중 5~9개 체크를 한 사람 : 앞으로 다가올 대사증후군을 주의해야 하는 상황

출처 대한개원내과의사회

대사증후군과 관련된 질환은?

지난 20년 동안 대사증후군을 가진 사람들의 수가 세계적으로 현저히 증가하고 있으며 이러한 증가 추세는 비만과 당뇨가 전 세계적으로 증가하는 것과 연관이 있다. 대사증후군이 있을 때 당뇨와 심혈관질환의 발병 위험률도 높아지기 때문에 범세계적으로 이를 예방하기 위한 대책이 절실히 필요한 상황이다.

늘어난 **허리둘레**만큼

　　당신의 병이 늘어난다: **비만**　　대사증후군은 20세기 초에 최초로 기술되었지만, 최근 그 중요성이 부각된 것은 세계적인 비만율의 증가 때문이다. 비만 그 자체, 특히 내장지방의 축적은 인슐린 저항성을 유발시키는 것으로 알려져 있으며, 또한 대사증후군의 진단 기준에서도 비만정도를 나타내는 허리둘레는 중요한 요인으로 작용한다. 허리둘레가 늘어난 경우에는 피하지방에 의한 것인지, 내장지방에 의한 것인지 구분할 필요가 있다. 내장지방은 간에서 포도당 생성에 대한 인슐린의 작용을 직접적으로 조절하는 역할을 하며, 체내지방의 중심성 분포복부비만는 뇌졸중, 심혈관질환, 당뇨의 위험을 증가시키고 추후 발병할 질병의 민감한 지표가 된다.

　　비만은 유전, 정신·사회적 요인, 질병, 약물 등 다양한 원인에 의해 발병하지만 섭취한 열량이 소비한 열량보다 많을 때 발생한다. '내장지방형 복부비만'은 주로 남성이나 폐경 후 여성에게 발생하고, '피하지방형 복부비만'은 폐경 전 여성에게 발생한다.

　　허리둘레는 복부 내장지방의 적절한 지표이다. 허리둘레 측정은 양발간격을 20~30cm 벌리고 숨을 편안히 내쉰 상태에서 늑골 가장 아래 부위와 골반장골능의 중간 부위를 측정한다WHO.

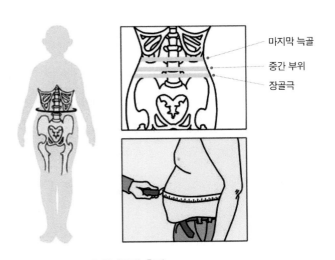

마지막 늑골
중간 부위
장골극

▌ **허리둘레 측정**

출처　서울시 대사증후군관리사업지원단 2009

복부비만이란?

● 복부비만의 원인

1 식사습관

2 운동부족

3 호르몬 이상
(인슐린, 성장호르몬 등)

4 중추신경계 이상
(에너지 조절신경)

사회·문화적 요인 **5**

심리적 장애 **6**
(사회적응곤란,
성적불량, 애정결핍)

유전적 요인 **7**
(부모의 비만 등)

● 복부비만의 유형

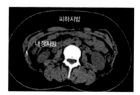

내장지방형
복부비만

피하지방형
복부비만

● 복부비만의 위험성

고혈압 비만한 사람이 10kg 감량할 경우, 25/10mmHg 혈압 강하함

당뇨 당뇨 환자의 90%가 비만이며 대사증후군을 가진 사람들에게서 당뇨 발생 위험이 최고 6배 높음

고지혈증 복부비만은 고지혈증을 유발하며 심혈관계질환의 위험을 높임

관상동맥질환 비만은 심장근육에 혈액을 공급하는 관상동맥의 질환발생에 직접적인 위험인자임

암관련질환 내장지방은 각종 암 발생의 위험을 높임(자궁암, 전립선암, 대장암 등)

호흡기관련질환 내장지방은 수면 중 수면무호흡증과 관련이 있음

인슐린 저항성을
줄여야 산다: 당뇨

가장 통합적으로 대사증후군의 병태 생리를 묘사하는 가설은 인슐린 저항성이다. 비만과 연관된 인슐린 저항성 증후군은 육체활동 부족과 음식 중 탄수화물 및 지방을 다량 함유하고 있는 식품 섭취에 의해 증가한다.

당뇨의 원인에는 유전가족력을 포함해 스트레스, 비만, 운동부족, 임신, 과식, 연령 등이 있다.

다음 그림은 당뇨의 동반 유무에 따른 대사증후군의 동반 정도를 나타낸다. 즉, 당뇨병 환자의 54.1%가 고혈압을 가지고 있으며 비당뇨인의 21.2%만이 고혈압을 동반하였다. 또한 당뇨 환자의 73.0%가 대사성 증후군을 가지고 있었으며 비당뇨인의 20.3%가 대사증후군을 동반하고 있었다.

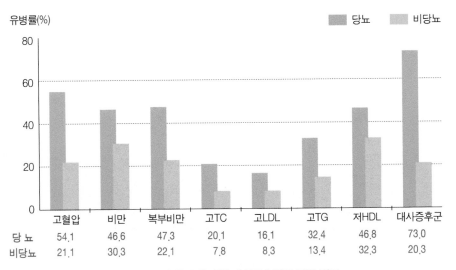

유병률(%)	고혈압	비만	복부비만	고TC	고LDL	고TG	저HDL	대사증후군
당 뇨	54.1	46.6	47.3	20.1	16.1	32.4	46.8	73.0
비당뇨	21.1	30.3	22.1	7.8	8.3	13.4	32.3	20.3

▌ 당뇨의 동반 유무에 따른 대사증후군의 동반 정도

출처 2005년 국민건강영양조사

당뇨란?

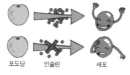

포도당 인슐린 세포

당뇨와 인슐린의 관계

혈액에 있는 포도당이 세포 내로 들어가 사용되기 위해서는 인슐린이라는 호르몬이 필요하다. 당뇨는 인슐린이 부족하거나 제대로 사용되지 못하여 혈액 속의 당이 비정상적으로 높아져 소변으로 포도당이 배설되는 질환이다.

⊙ 당뇨의 진단

검사방법	정 상	당뇨 전 단계	당 뇨
공복 시 혈당검사	99mg/dL 이하	100~125mg/dL	126mg/dL 이상
경구 당부하검사 (2시간 후 혈당)	139mg/dL 이하	140~199mg/dL	200mg/dL 이상

출처 서울시 대사증후군관리사업지원단 2009

⊙ 당뇨의 원인

⊙ 당뇨의 합병증

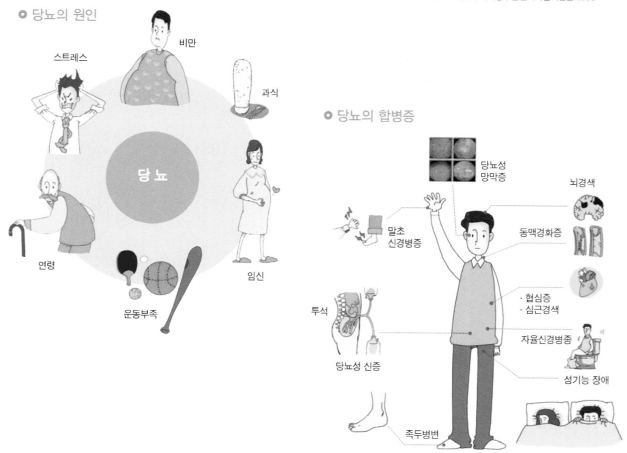

소리 없이 당신을
쓰러뜨린다: **고혈압**   고혈압은 성인의 약 25% 이상에서 발견되는 매우 흔한 만성적인 성인병의 하나로서 심장, 뇌졸중, 신장손상 등 여러 가지 합병증을 유발하는 질환이다. 최근 생활양식의 서구화와 인구의 노령화에 따라 고혈압의 유병률은 증가되어 가는 추세이다. 그러나 아직도 질환에 대한 홍보 및 인식이 부족하여 이에 대한 잘못된 상식을 가지고 치료를 소홀히 하는 경우가 매우 많다.

일반적으로 고혈압은 증상이 없으므로 혈압을 측정하지 않으면 진단되지 않고, 진단되더라도 환자 자신이 치료의 필요성을 느끼지 못하여 방치하는 경우가 많다. 과거에 비해 진단과 치료 측면에서 많은 향상이 있었음에도 불구하고 외국의 경우에도 적절하게 혈압강하가 이루어진 환자는 34%에 불과하여 치료를 제대로 받은 환자는 적다. 수축기 평균혈압을 2mmHg 낮추면 허혈성 심장질환에 의한 사망이 7% 감소하고 뇌졸중에 의한 사망이 10% 감소한다. 따라서 고혈압에 대한 정확한 이해와 적극적인 혈압조절이 필요하다.

	수축기 혈압	이완기 혈압
정상혈압	120(mmHg) 미만	80(mmHg) 미만
고혈압	140(mmHg) 미만	90(mmHg) 미만

머리가 무겁고 아프다 ·········
귀가 울린다 ·········
숨이 차고 두근거린다 ·········
손발이 저리거나 부어오른다 ·········

········· 얼굴이 빨개진다
········· 눈이 충혈된다
········· 코피가 잘 난다
········· 어깨가 쑤신다

고혈압의 진단과 증상

출처 서울시 대사증후군관리사업지원단 2009

혈액 속의 시한폭탄
　　　　　　: 고지혈증　　　혈액 속에 존재하는 중성지방과 콜레스테롤은 지방의 형태이다. 고중성지방혈증은 인슐린 저항 상태를 더 민감하게 반영하므로 대사증후군 진단의 중요한 항목이 된다. 혈중 중성지방이 150mg/dL 이상일 때는 대사증후군에 해당하고, 200mg/dL 이상일 경우 고중성지방혈증으로 진단한다. 고중성지방혈증은 탄수화물과 지방을 많이 섭취하여 혈액 내 중성지방 농도가 높아진 상태로 음식의 과량 섭취(열량 과다)와 음주, 운동부족이 주원인이다.

　　LDL low density lipoprotein－콜레스테롤의 증가는 관상동맥질환의 발생과 직접적인 연관이 있어 LDL－콜레스테롤이 낮아지면 관상동맥질환의 발생 위험이 낮아진다. 따라서 고지혈증 치료의 첫 번째 목표는 LDL－콜레스테롤을 낮추는 것이다. 대사증후군에서 또 다른 주요한 항목은 HDL high density lipoprotein－콜레스테롤의 감소이다. HDL－콜레스테롤은 남자의 경우 40mg/dL 미만, 여자의 경우 50mg/dL 미만일 경우 대사증후군으로 진단한다.

　　LDL－콜레스테롤과 반대로 HDL－콜레스테롤은 1mg/dL 증가하면 심혈관질환의 위험도가 남자 2%, 여자는 3% 감소한다.

고지혈증이란?

● 고지혈증의 원인

1 고탄수화물 섭취

2 과다 지방 섭취

3 과음

4 흡연

5 운동부족

6 과체중

● 고지혈증의 진단

신체 기관	운동의 효과
중성지방의 경우	150mg/dl 미만 → 정상
	150mg/dl 이상 → 대사증후군
	200~49mg/dl → 높음
	500mg/dl 이상 → 매우 높음
HDL-콜레스테롤의 경우	40mg/dL 미만(남자)
	50mg/dL 미만(여자)

● 고지혈증의 권장식품 및 주의식품

구 분	권장식품	주의식품
어육류 및 해물류	어류, 콩류, 두부, 조개류, 게, 해조류 등 지방을 제거한 살코기와 껍질을 제거한 닭고기	지방이 낀 육류, 갈비, 돼지삼겹살, 곱창, 소시지, 베이컨, 새우, 낙지, 오징어, 햄
유제품	저지방유, 저지방요거트, 저지방치즈	어란, 전유, 크림, 초콜릿, 아이스크림
난 류	달걀 흰자	달걀 노른자
지 방	대두유, 참기름, 들기름, 올리브유, 땅콩류와 종실류	버터, 돼지기름, 쇠기름
곡 류	통밀 빵, 옥수수	크림빵, 도넛, 케이크, 라면, 스낵
채소 및 과일	모든 생과일과 채소류	버터나 크림 및 마요네즈를 곁들인 채소

◉ 고지혈증의 위험성

심혈관계질환 고지혈증이 있는 경우, 심혈관계질환의 위험성 증가

당뇨 중성지방의 증가는 혈당조절을 어렵게 하여 당뇨 유발

지방간 중성지방은 체내에 쌓여 복부비만을 일으키고, 간에 축적되어 지방간 유발

◉ 고지혈증 예방을 위한 지침

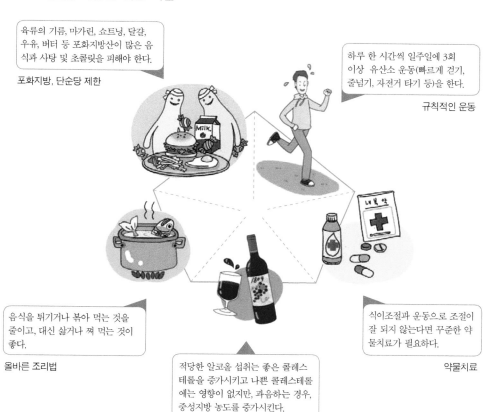

육류의 기름, 마가린, 쇼트닝, 달걀, 우유, 버터 등 포화지방산이 많은 음식과 사탕 및 초콜릿을 피해야 한다.

포화지방, 단순당 제한

하루 한 시간씩 일주일에 3회 이상 유산소 운동(빠르게 걷기, 줄넘기, 자전거 타기 등)을 한다.

규칙적인 운동

음식을 튀기거나 볶아 먹는 것을 줄이고, 대신 삶거나 쪄 먹는 것이 좋다.

올바른 조리법

식이조절과 운동으로 조절이 잘 되지 않는다면 꾸준한 약물치료가 필요하다.

약물치료

적당한 알코올 섭취는 좋은 콜레스테롤을 증가시키고 나쁜 콜레스테롤에는 영향이 없지만, 과음하는 경우, 중성지방 농도를 증가시킨다.

지나친 음주는 삼가

출처 서울시 대사증후군관리사업지원단 2009

대사증후군을 관리하려면?

철저한 편식으로 관리하는
    대사증후군: **식사요법**   대사증후군 환자의 식사는 각 기준요인(과체중 혹은 복부비만, 고혈압, 고혈당, 중성지방 상승, HDL-콜레스테롤 감소, LDL-콜레스테롤 상승)을 호전시킬 수 있어야 한다.

열 량

대사증후군의 1차 치료는 정상체중 유지이다. 체중 감량을 위해서는 저열량 식사가 필요하다. 일일 식사 섭취량을 줄이면 대사증후군의 주요 요인인 체중을 감소시킬 수 있으며, 이러한 체중의 감소만으로도 관상동맥질환의 위험을 줄일 수 있다. 비만인 사람이 10%의 체중을 감량하면 관상동맥질환 및 뇌졸중의 발생을 감소시킬 수 있으며, 수명을 연장시킬 수 있다는 연구도 있다. 또한 중등도의 체중 감소5~10%만으로도 혈중 지질, 혈당 및 혈압에 좋은 효과를 나타낸다. 당뇨가 없는 비만인에게 일일 에너지 소비량보다 500kcal를 적게 섭취하는 저열량 식사를 2년간 시행한 결과, 대사증후군의 진단요인이 감소하였다.

지 방

포화지방산   포화지방산의 섭취는 내당능장애를 유발할 수 있으며 인슐린 감수성에 좋지 않은 영향을 준다. 총 지방량을 통제한 상태에서 포화지방을 불포화지방으로 대체하면 인슐린 감수성이 개선된다. 또한 총 지방과 포화지방산의 섭취를 감소시키면 관상동맥질환의 위험도 줄일 수 있다.

불포화지방산   불포화지방산의 섭취는 관상동맥질환의 위험을 감소시키며 불포화지방산이 풍부한 식사는 고탄수화물, 저지방 식사 환자에서 나타날 수 있는 HDL-콜레스테롤 감소와 중성지방 상승을 예방할 수 있다.

단일불포화지방산이 풍부한 식사는 총 콜레스테롤과 LDL-콜레스테롤을 감소시키며 HDL-콜레스테롤에는 영향이 미약하다.

생선, 생선 기름 및 오메가-3 지방산의 섭취는 관상동맥질환의 위험을 감소시키는 것으로 알려져 있다. 최근 연구 결과에 의하면 일주일에 한 번 이상 생선을 섭취하는 경우, 심장질환으로 인한 사망의 위험을 감소시킬 수 있으며, 오메가-3 지방산이 풍부한 생선일수록 관상동맥질환의 사망률을 감소시킨다. 또한 생선 기름이나 영양보충제로 EPA, DHA를 섭취하면 관상동맥질환의 2차 예방 및 사망률 감소에 도움이 되는 것으로 보고되었다.

트랜스 지방은 관상동맥질환의 위험과 밀접한 관계가 있다. 트랜스 지방으로부터의 열량이 5% 증가하면 관상동맥질환의 위험이 크게 증가하지만, 5% 열량을 단일 혹은 다가불포화지방산으로 섭취하면 관상동맥질환의 위험이 감소한다. 당뇨에서도 트랜스 지방의 섭취가 증가하면 위험이 증가하고 다가불포화지방산/포화지방산의 비율이 증가하면 위험이 감소하는 것으로 나타났다.

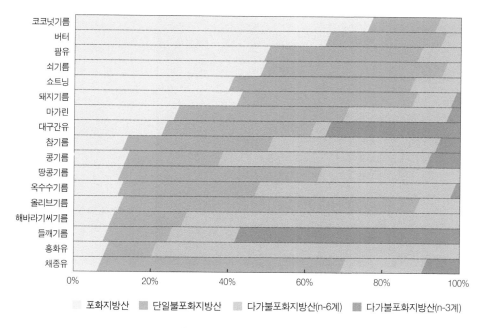

포화지방산　단일불포화지방산　다가불포화지방산(n-6계)　다가불포화지방산(n-3계)

각종 유지 중 지방산 조성

출처 서울시 대사증후군관리사업지원단 2009

식이지방산 함유 식품

분 류	풍부한 식품
포화지방산	코코넛유, 유제품, 초콜릿, 프림, 고지방 유제품, 버터, 육류지방, 라면, 코코아
단일불포화지방산	올리브유, 카놀라유, 쇼트닝, 과자, 파이 비스킷, 케이크
다가불포화지방산	견과류, 종자, 등푸른 생선, 어유, 옥수수유, 콩기름, 해바라기씨유

일부 식품의 콜레스테롤 함량 (mg/100g)

식 품	콜레스테롤	식 품	콜레스테롤	식 품	콜레스테롤
닭가슴살	75	닭염통	160	뱀장어	196
닭날개	116	소천엽	138	붕장어	135
닭다리살	94	소 간	246	미꾸라지	177
돼지등심	55	소내장	190	성 게	290
돼지삼겹살	64	돼지내장	180	낙 지	88
베이컨	60	돼지간	250	명 란	340
소시지	50	달걀 노른자	1,300	청어알	378
소안심	70	달 걀	470	연어알(염장)	510
소꼬리	75	꽃 게	80	버 터	200
오리고기	80	새 우	130	쇠기름	100
닭모래주머니	200	오징어	294	치 즈	80

출처 서울시 대사증후군관리사업지원단 2009

탄수화물

지질대사에 이상이 있는 경우에는 탄수화물의 섭취를 줄인다. 최근 한 연구에서 고도 비만 환자를 대상으로 저탄수화물 식사를 섭취한 군과 저지방 식사를 섭취한 군을 비교한 결과, 저탄수화물 식사 군에서 저지방 식사 군에서보다 체중 감량, 혈중 중성지방 농도 및 인슐린 감수성에서 좋은 결과를 보였다. 비만 환자를 대상으로 한 다른 연구에서도 저탄수화물 식사는 혈중 중성지방 감소와 HDL-콜레스테롤 증가가 더 많이 나타났으며, 1년 동안 지속된 연구에서도 같은 결과를 얻었다. 또한 저탄수화물 식사는 당뇨 환자의 당화혈색소를 호전시키는 효과가 있었다. 대사증후군 환자는 탄수화물 섭취를 총 열량의 60% 이내로 하도록 권하고 있으며, 혈중 중성지방이 높고 HDL-콜레스테롤이 낮은 경우에는 탄수화물 섭취를 총 열량의 50%까지 낮출 것을 권하고 있다. 탄수화물의 공급원은 전곡류, 채소, 과일, 무지방 혹은 저지방 유제품으로 섭취하는 것이 좋다.

단백질

중등도의 단백질 식사는 많은 연구에서 지방 섭취량과 다른 위험요인을 보정한 후 관상동맥질환의 위험을 감소시키는 것으로 나타났다. 미국의 간호사건강연구Nurses' Health Study 결과에 의하면 육류와 고지방 유제품을 섭취할 경우, 가금류/생선 및 저지방 유제품을 섭취하는 경우보다 관상동맥질환의 위험이 증가하였다. 가공하지 않은 육류보다 가공 육류베이컨, 핫도그 등를 섭취하는 경우, 당뇨의 위험은 더욱 증가하였으며 이는 가공식품을 보존하기 위해 첨가되는 질산염nitrite과 같은 첨가물이 영향을 주는 것으로 보고하였다.

동물성 단백질을 대두 단백질로 대체하여 섭취하면 LDL-콜레스테롤과 중성지방을 감소시킬 수 있다. 아이오아 여성건강 연구Iowa Women's Health Study 자료에 의하면 식물성 단백질을 섭취할 경우, 동물성 단백질을 섭취하는 경우에 비해 관상동맥질환 사망률이 낮았다. 또 다른 연구에 의하면 식물성 단백질을 함유하고 있는 콩과류를 섭취하면 관상동맥질환의 위험이 감소하는 것으로 나타났다. 중국인 여성을 대상으로 한 연구에서도 대두 식품을 섭취할수록 관상동맥질환의 위험이 감소하였다. 단백질은 공급원에 따라 심혈관질환에 미치는 영향이 다르며, 주로 대두, 콩, 생선, 가금류, 견과류로부터 섭취하는 것이 좋다.

혈당지수

혈당지수Glycemic Index는 식후에 당질의 흡수속도를 나타내는 지표로서 포도당100%이나 흰 빵을 기준으로 하여 특정 식품섭취 후 혈당과 인슐린의 반응 정도를 나타낸다. 혈당지수가 낮은 식품은 혈당이 서서히 상승하여 포만감을 오래 지속시킬 수 있다. 혈당지수가 높은 식품은 감자, 흰 밀가루 및 주스와 설탕이 함유된 음료 등이며 혈당지수가 낮은 식품은 전곡류, 콩류, 견과류 및 채소들이다. 대두와 땅콩은 혈당지수가 10~19%로 매우 낮다.

혈당지수가 높은 식품은 HDL-콜레스테롤을 저하시키며 혈당지수가 낮은 식품은 중성지방을 감소시킨다. 혈당지수가 높은 식품을 낮은 식품으로 대체하면 식후 혈당과 인슐린 반응이 좋아지고, 혈중 지질농도가 개선되며, 인슐린 감수성이 향상되는 것으로 보고되었다. 역학 및 임상 연구 결과에 의하면 혈당지수가 높은 식품을 섭취하는 경우, 제2형 당뇨와 관상동맥질환의 위험이 증가하는 것으로 나타났다. 식사 중 당의 함량에 따른 관상동맥질환의 발생 위험을 조사한 연구에서, 당 함량이 높은 식사를 섭취한 군이 그렇지 않은 군에 비해 관상동맥질환의 발생 위험이 약 2배 정도 높았으며 이는 특히 체질량지수BMI가 23kg/m² 이상일 때 더욱 분명하게 나타났다.

섬유소와 비타민

식이섬유소가 풍부한 과일, 채소, 콩류와 전곡류 등은 비타민, 미네랄, 식물화학성분phytochemical, 항산화제와 기타 미량영양소가 풍부하다. 이들은 독립적으로 관상동맥질환의 예방 효과를 보이며, 특히 과일, 채소 및 곡류를 풍부하게 섭취하는 지중해식 식사는 관상동맥질환에 의한 사망률을 감소시킨다. 여러 종류의 식이섬유소과일, 채소, 곡류 중에서 곡류의 섬유소 섭취가 당뇨와 관상동맥질환을 가장 잘 예방하는 것으로 밝혀졌다. 전곡류를 섭취하면 관상동맥질환과 제2형 당뇨의 위험을 감소시킬 수 있다. 섬유소는 LDL-콜레스테롤을 감소시키고, 식후 인슐린과 혈당 반응을 감소시킨다. 미국의 국민건강영양조사에 따르면 대사증후군이 있는 사람들은 건강한 사람에 비해 과일과 채소섭취율이 낮고, 비타민 C, 카로티노이드와 같은 항산화물질의 섭취도 낮은 것으로 나타났다. 따라서 대사증후군이 있는 환자들이 정제하지 않은 곡류와 과일, 채소의 섭취를 늘리는 것이 바람직하다.

DASH 식사

식품군	총 섭취량	1회 섭취량	영양소
곡류 및 그 제품	6~8	빵 1쪽, 밥 1/2공기	열량, 섬유소
채소류	4~5	1/2컵	K, Mg, 섬유소
과일류	4~5	중간 크기 1	K, Mg, 섬유소
저(무)지방 유제품	2~3	1컵	Ca, 단백질
어육류	6 이하	조리된 육류 30g	단백질, Mg
견과류 / 종실류 / 콩류	4~5/주	2큰술	열량, Mg, K, 단백질, 섬유소
지 방	2~3	1작은술	열량
당 류	6 이하/주	1큰술	열량

DASH 식사

DASH 식사Dietary Approach to Stop Hypertension는 채소, 과일, 견과류, 저지방 유제품 및 전곡류가 풍부하고, 포화지방, 콜레스테롤, 당분 및 도정한 곡류는 적은 식사이다. DASH 식사는 혈압을 효율적으로 감소시키는 것으로 보고되며, 저염식사와 같이 섭취하였을 때 혈압 강하 효과가 더욱 좋은 것으로 나타났다. 고혈압은 대사증후군의 진단요인이므로 DASH 식사를 하는 것이 도움이 될 수 있다.

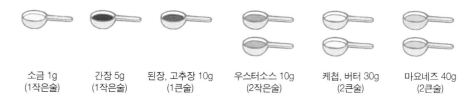

소금 1g
(1작은술) 간장 5g
(1작은술) 된장, 고추장 10g
(1큰술) 우스터소스 10g
(2작은술) 케첩, 버터 30g
(2큰술) 마요네즈 40g
(2큰술)

▌소금 1g을 함유한 조미료의 중량

출처 서울시 대사증후군관리사업지원단 2009

꾸준한 운동으로 관리하는
   대사증후군: **운동요법**   적절한 운동은 심폐기능, 근골격계 기능, 내분비 기능의 향상뿐만 아니라 정신적으로도 좋은 효과를 준다. 그러나 운동에 따른 건강증진 효과를 모든 사람이 인정하면서도 꾸준히 운동을 하는 사람은 많지 않다.

대사증후군을 위한 식사요법

구 분	내 용
복부비만, 지질대사 이상 (HDL-콜레스테롤 감소) (중성지방 상승)	저열량 식사
	지중해식 식사, 저탄수화물 식사(특히, 비만 혹은 고혈당 환자)
	풍부한 불포화(단일불포화)지방 함유 식품 섭취
	풍부한 섬유질(전곡류, 과일, 채소) 함유 식품 섭취
	혈당지수가 낮은 식품(복합 탄수화물) 섭취
	적당한 생선 섭취
	대두 단백질 섭취
고혈압	저염 식사
	DASH 식사
고혈당	지중해식 식사
	저탄수화물 식사
지질대사 이상 (LDL-콜레스테롤 상승)	포화지방, 트랜스 지방 및 콜레스테롤 섭취 감소
	단일불포화지방 함유 식품 섭취
	식물성지방 함유 식품 섭취
	대두 단백질 섭취
	식이섬유질(전곡류, 과일, 채소) 함유 식품 섭취

식생활 실천사항

1. 정상체중을 유지하기 위해 열량을 적절히 섭취한다. 과체중이거나 비만인 경우 체중을 감량한다.
2. 총 지방 섭취량(튀긴 음식이나 고지방 음식)을 줄여서 혈중 저밀도지단백 콜레스테롤이나 중성지방을 감소시킨다.
3. 혈중 콜레스테롤을 감소시키기 위해 포화지방산(동물성지방) 섭취를 줄인다.
4. 트랜스 지방산의 섭취를 줄인다.
5. 콜레스테롤의 섭취를 줄인다.
6. 혈당조절과 체중증가, 중성지방 감소를 위해 단순당(설탕, 물엿, 꿀 등)이 들어간 음식보다 흰밥, 잡곡밥 등 복합당질의 탄수화물이나 식이섬유소(채소, 과일 등)를 충분히 섭취한다.
7. 과량의 알코올 섭취는 혈중 중성지방을 증가시키므로 과음을 삼간다.

출처 대사증후군의 관리 진료실 가이드, 대한비만학회 2008

운동의 효과

신체 기관	운동의 효과
순환기	심근 산소요구량 감소, 안정 상태 혈압 감소, 혈소판 유착 감소 및 섬유소 분해 증가
호흡기	최대 환기량 증가, 운동 호흡수 감소, 폐확산능 증가
골결근	미오글로빈(myoglobin) 농도 증가, 산화효소의 활성과 농도 증가, 미토콘드리아 수/크기 증가, 지방산 산화 증가
대사기능	체지방량 및 체중감소, 혈중 중성지방 감소, 뼈의 칼슘 함량 증가, 인슐린 수용체 감수성 증가, 혈중 저밀도지단백 감소, 혈중 고밀도지단백 증가
정신적 효과	불안 및 우울 감소, 자긍심의 향상

출처 서울시 대사증후군관리사업지원단 2009

조사에 따르면 우리나라 성인의 76.1%, 미국 성인의 약 60%가 운동을 하지 않는 것으로 보고되고 있다. 단순히 운동을 권유하기보다는 건강과 관련된 위험요인을 평가하여 적절한 운동의 종류, 강도, 지속시간, 빈도를 구체적으로 제시하고, 이를 실천하기 위한 장기적인 행동의학적 접근이 효과적이다. 가벼운 운동은 무방하지만, 대사증후군이나 다른 질환이 있을 경우, 전문인에게 운동처방을 받는 것이 좋다.

신체활동량의 증가는 에너지 소모량을 늘림으로써 체중감량을 유도하지만, 체중감량 없이 규칙적인 운동 그 자체만으로도 건강에 좋은 영향을 미친다. 초기 체중의 5~10%만 감량해도 대사증후군의 모든 요소들이 개선되는 결과를 보인다. 대사증후군 환자에게 치료목적으로 저충격 유산소 운동_{관절에 체중부하가 적은 운동으로 수영, 자전거 타기, 걷기 등}을 매일 하도록 권한다. 매일 60분 정도의 신체활동은 체중감소, 혈압조절, 고지혈증 조절, 인슐린 저항성 개선에 도움이 되어 제2형 당뇨 예방과 당 조절에 도움을 준다. 운동 강도는 220에서 연령을 뺀 숫자의 70% 정도를 목표 심박수로 하여 매일 걷기를 하거나, 신체활동을 30~60분 정도 지속하면 유산소능 향상과 체중감소에 도움을 줄 수 있다. 제2형 당뇨 환자에서는 이보다 약한 강도로 보다 짧은 시간 동안 운동함으로써 심혈관계질환 위험을 줄일 수 있다. 심혈관계질환 사망률은 걷는 거리와 반비례하는 것으로 보고된 만큼 제2형 당뇨 환자의 경우, 조심스럽게 저강도의 근저항운동을 30분간 주당 3~4회 실시함으로써 근육의 증가, 인슐린 저항성 개선, 혈당조절 개선 효과를 기대할 수 있다.

한의학에서 바라본 대사증후군과 관리법은?

한의학적 관점에서 인간의 신체와 질병은 부분적인 문제가 아닌 몸 전체가 유기적으로 작용하고 있다고 본다. 질병이 발생하였을 때 단지 한 가지 기관이 아닌 몸 전체를 통하여 질병이 겉으로 드러나는 부분을 살피고자 하는 것이다. 1988년에 처음으로 대사증후군이라는 개념이 생겨났지만 한의학에서는 그 이전부터 질병의 발생이 하나가 아닌 여러 가지 질병이 복합적으로 발생하므로 몸 전체를 변화시키고 병을 다스려야 한다고 보았다.

기존 한의학에서는 대사증후군이라는 용어가 사용되지 않았지만, 최근 들어 한의학과 서양의학이 접목되고 협진치료가 시행되면서 대사증후군이라는 용어를 쓰기도 한다. 또한 이를 한의학적으로 증명하고 예방 및 치료를 위한 여러 연구를 진행하고 있다. 2007년에는 '한국통합의학학회'가 '대사증후군의 통합의학적 접근'을 주제로 학술대회를 개최하면서 대사증후군의 한의학적 접근을 시도하였고, 대사증후군 예방 및 관리를 위한 권장안을 제시하기도 하였다.

현대사회에서 생활하고 있는 사람들 가운데 혈액검사를 통해 질병으로 확인되지는 않았지만 본인이 완전하게 건강하다고 생각하는 사람은 많지 않다. 한의학에서는 개개인이 가지는 특성과 환자의 증상에 대해 임상적인 문진과정을 통하여 우리 신체가 조화를 이루지 못하는 것을 발견하고 이를 반건강 상태로 진단한다. 이러한 반건강 상태를 '미병未病'이라고 한다.

한의학에서는 대사증후군을 미병이라고 진단한다. 미병을 하나의 명백한 질병으로 진단 내릴 수는 없지만 최적의 건강 상태도 아닌 것을 뜻한다. 따라서 혈압 상승, 복부비만, 고지혈증 등 심혈관계질환이나 당뇨 등의 위험인자를 조절하는 데 중점을 두어 미병을 치료하고자 노력하여 왔다. 이렇듯 질병이 나타나기 전, 즉 반건강의 상태를 미리 파악하여 조절해 주는 한의학적 대사증후군의 관리는 서양의학적인 관리와 더불어 유기적인 인간의 신체를 다스리는 가치 있는 치료라 할 수 있다.

미병은 아직 병이 아니라고 생각하여 가볍게 생각하는 경우가 많으나 미병을 관리하지 않을 경우, 특정 질병으로 발전할 가능성이 높다. 또한 미병은 지속적인 피로, 소화불량, 통증, 불면증 등을 발생시켜 삶의 질을 저하시킨다. 따라서 이를 관리하지 않을 경우, 이러한 증상들 때문에 생활상 불편이 생길 수 있으므로 미병은 반드시 관리되어야 한다. 이를 관리하기 위해서는 올바른 생활습관 및 식생활, 심신중재, 한의학적 약물요법 및 비약물요법 등을 권장한다.

- **올바른 생활습관 및 식생활**: 운동, 수면, 식습관을 규칙적으로 하고 금주, 금연, 가공식품 및 과도한 음식 섭취를 절제하는 것이 바람직하다. 또한 마음의 여유를 가지고 현대사회에 만연한 스트레스에 대처해야 한다.
- **한의학적 비약물요법**: 음양陰陽과 오행五行의 균형을 유지하기 위해 침구, 지압, 자세 교정과 호흡법을 통하여 기氣 순환을 회복시킨다.
- **약물치료**: 대사증후군과 관련된 각 요인을 전통적인 한의학과 과학적 연구결과를 통하여 근거 중심의 약물치료를 실시한다. 담痰, 어혈瘀血과 같은 대사이상 물질에 대한 치료를 기본으로 하여 환자 개인의 체질적 특징을 고려하여 증상치료를 위주로 한다.

PART 2
대사증후군별 맞춤식 약선레시피

대사증후군 관리 및 예방을 위한 한방약선

약선藥膳은 약이 되는 음식이라는 뜻이다. 예로부터 우리 조상들은 '의식동원醫食同源' 또는 '약식동원藥食同源'이라 하여 의약과 식품을 하나로 보았고, 동양의학 사상과 이론에 근거를 두어 식품이 가지고 있는 영양적 특성과 식약재의 기능적 특성을 조화시켜 음식의 맛은 살리면서 동시에 질병을 예방하고 치료하였다. 우리나라에는 전통적으로 식의食醫라는 제도가 있었다. 이는 병이 발생하기 전에 올바른 음식섭취로 병을 예방하고 병이 발생한 후에도 식의食醫의 방법으로 그 증상을 살펴 음식으로 치료하며 그래도 낫지 않으면 약을 쓰는 것이다. 또한 질병치료 이후에도 섭생의 중요성을 강조하였다. 대사증후군은 특히, 식의의 방법이 반드시 필요한 미병이므로 약선으로 다스리는 것이 가장 기본이 된다. 약선을 통하여 지속적인 관리가 이루어진다면 질병의 발생을 효과적으로 예방할 수 있다. 과도한 열량섭취와 고지방 식단을 위주로 하는 외국인의 경우에도 약선을 지속적으로 섭취한다면 질병예방의 효과를 얻을 수 있을 것이다.

2005년 발표된 논문에 따르면, 혈중 중성지방농도가 150mg/dL 이상이거나 혈중 총 콜레스테롤이 200mg/dL 이상인 고지혈증 초기판정자를 대상으로 하여 약물복용 전 12주 동안 상엽, 국화, 대추, 참깨, 나복자로 만든 기능성차를 섭취시킨 결과 혈중 중성지방의 농도는 42.5%, 혈중 총 콜레스테롤 농도는 13.7% 감소하는 것을 알게 되었고, 항산화효과도 발견되었다. 이와 같이 약선은 대사증후군 예방 및 치료에 충분한 역할을 할 수 있을 것이다.

대사증후군 예방을 위한 약선 표준 레시피

이 책은 약선을 손쉽게 조리할 수 있는 방법을 모색하고 그 활용성을 증대시켜 세계적으로 이용할 수 있는 기틀을 마련하고자 하였다. 이에 다음과 같은 기준으로 표준화된 레시피를 작성하였다.

- 문헌고찰을 통하여 대사증후군에 적용이 가능한 약재를 검색한 후 그중 식품공전에 등재된 식약재를 선별하였다.
- 한국에 거주하고 있는 200여 명의 외국인들에게 설문조사를 통하여 외국인의 한식과 약선에 대한 기호도를 조사하였다.
- 외국인의 기호를 고려하여 대사증후군 예방을 위한 약선 메뉴 30가지를 개발하였고, 영양, 맛, 모양을 생각한 최상의 레시피를 작성하였다.
- 약선 조리 전문가에 의한 효율적인 조리방법으로 조리하며 레시피를 수정하였다.
- 조리학, 영양학, 한의학, 의학 분야의 전문가들에게 메뉴 검증을 받았다.
- 국내에 거주하고 있는 외국인 30명을 대상으로 개발한 약선의 외관appearance, 색color, 맛taste, 조직감texture, 냄새flavor에 대한 기호도, 그리고 종합적인 기호도overall preference의 6가지 항목에 대하여 관능검사를 실시하였다.
- 메뉴의 수정과 확인 작업을 거친 뒤 DB 프로그램(CAN Pro version 3.0Computer aided nutritional analysis program, 한국영양학회, 2006)을 이용하여 열량, 당질, 단백질, 지질, 콜레스테롤, 섬유소, 칼슘, 인, 나트륨, 칼륨, 철분, 비타민 C 등의 영양소 함량을 분석하였다.
- 항상 일정한 품질의 음식을 기대할 수 있고, 효율적인 작업재고 조절, 정확한 원가 계산이 가능하도록 개발된 메뉴의 표준 조리법을 구축하였다. 작성에는 음식명, 재료명, 1인 분량과 만드는 법을 포함하였다.
- 한국조리기능장과 외국인 조리장이 영문 표준 레시피를 번역하였다.
- 전문 음식 코디네이터와 촬영기사가 음식촬영을 진행하였다.

대사증후군 예방을 위한 한약재

대사증후군 예방에 효과적인 약재를 문헌고찰을 통하여 조사하고, 상용되는 약재 중 식품 공전에 등재된 사용 가능 원료_{주재료로 사용 가능, 40종}, 제한적 사용 원료_{부재료로 사용 가능, 30종}와 공전에는 등재되어 있지 않지만 식용 가능한 원료_{9종}를 기준으로 선별하였다. 이 중 원료수급에 문제가 없는 식약재만을 선택하여 이용하였다.

대사증후군 예방을 위한 한약재의 분류 (부록 p.126 참조)

사용 가능 원료 (주재료로 사용 가능)	제한적 사용 원료 (부재료로 사용 가능)	식품 공전 미등재 원료 (식약청 자료에서 식용 가능)
감초, 검실, 결명자, 계지, 계피, 구기자, 국화, 길경, 내복자, 녹차, 당귀, 대추, 도인, 두충, 박하, 백편두, 복분자, 산약, 산초, 상심자, 상엽, 속단, 쑥, 오가피, 오미자, 용안육, 육두구, 의이인, 인삼, 진피, 하고초, 하수오, 해동피, 행인, 형개, 홍화, 황금, 황기, 황정, 회향	갈근, 강황, 곽향, 금은화, 단삼, 독활, 동충하초, 맥문동, 백출, 봉출, 비파엽, 사상자, 사인, 산사, 산수유, 산조인, 삼백초, 석창포, 연자육, 우슬, 울금, 은행, 원지, 작약, 지각, 지황, 천궁, 천문동, 치자, 하엽	고본, 매괴화, 백합, 복령, 소엽, 오매, 죽엽, 초과, 토사자

출처 http://fse.foodnara.go.kr/origin (식품원재료 검색)

약선 조리원칙

약재의 처리

- 전처리 : 약재도 농산물이므로 재배, 수확, 가공, 보관 등 최종사용자에게 오기 이전까지 외부로부터의 오염이 있을 수 있으므로 약재의 세척과정이 반드시 필요하다.
- 꽃, 잎, 줄기 : 2g에 물 100g을 넣고 30분간 침지 후 5분간 끓인다.
- 뿌리 : 2g에 물 100g을 넣고 30분간 침지 후 20분간 끓인다.
- 이 외에도 약재에 따라 오래 가열할 경우 약성이 현저히 떨어지는 약재들은 가열시간을 짧게 하면서도 약성을 최대한 우려내기 위해 물에 1~3시간 담갔다가 그 물을 짧은 시간 가열하여 사용한다.
- 갈근과 같은 목재나 단단한 약재의 경우는 살짝 볶아 사용하면 약성분을 추출하는 데 더 유용하다. 맛에 있어서도 볶아서 사용할 경우 향과 맛이 더욱 좋다.

중량 측정

- 계량컵과 계량스푼은 표준화된 것을 사용한다.
- 소수점 첫째 자리까지 표시되는 저울을 평평한 곳에 수평으로 두고 영점에 고정된 상태로 무게를 측정한다.

불의 세기

- 센불 : 가스레인지 레버를 전부 열어 놓은 상태로 불꽃이 냄비 바닥에 닿은 상태이다.
- 중불 : 가스레인지 레버가 꺼짐과 열림의 중간 위치. 불꽃의 끝과 냄비 바닥 사이에 약간의 틈이 있다.
- 약불 : 가스레인지 레버의 가장 약한 불로 중불의 절반 이상이 약한 불 세기이다.

두충홍시소스를 곁들인
구기자 게살김치말이

재 료

게살 30g, 구기자 1g, 백김치 15g, 깻잎 0.3g(1/3장), 팽이버섯 3g, 청·홍파프리카 각 2g씩, 무순 1g
두충홍시소스 두충 끓인 물 2mL(두충 1g, 물 100mL), 홍시 7g, 겨자 0.5g, 깨소금 0.1g

만드는 법

1. 게는 삶아서 살만 발라낸 다음 물기를 제거한다.

2. 구기자는 깨끗이 씻어 끓는 물에 살짝 데쳐 낸다.

3. 백김치는 길게 준비한다.

4. 깻잎은 꼭지를 떼어 내고 길이로 반을 잘라 준비한다.

5. 팽이버섯은 밑둥을 자른다.

6. 청·홍파프리카는 길이로 채 썬다(3×0.3cm).

7. 백김치를 깔고 그 위에 깻잎, 게살, 팽이버섯, 청·홍파프리카, 구기자 순서로 얹어서
   말아 준다.

8. 분량의 소스 재료를 잘 섞어 두충홍시소스를 만든다.

9. 접시에 게살김치말이를 놓고 두충홍시소스를 곁들인다.

영양소 분석	1인 기준
열량	25.0kcal
당질	2.2g
단백질	3.5g
지질	0.3g
콜레스테롤	31.5mg
섬유소	0.7g
칼슘	70.2mg
인	104.1mg
나트륨	185.3mg
칼륨	137.3mg
철분	0.6mg
비타민 C	8.6mg

두충

구기자

복령 산수유
토마토소스와 냉면

재료

냉면 50g(숙면 50g), 복령 2g, 산수유 2g, 무 초절임 5g

복령 산수유 토마토소스 사과 10g, 다진 마늘 3g, 다진 양파 3g, 토마토 150g, 소금 0.2g, 구기자 1g, 복령·산수유 끓인 물 20mL(복령 1g, 산수유 1g, 물 100mL), 식초 1g

만드는 법

1. 냉면을 잘게 찢어 복령 1g, 산수유 1g을 망에 넣고 함께 끓인 후 찬물에 헹군다.

2. 무를 얇게 저며 무 초절임을 만든다.

3. 분량의 양념으로 복령 산수유 토마토소스를 만든다. 믹서에 재료를 넣고 곱게 간 후 냄비에 넣어 한소끔 끓여 차게 식힌다.

4. 그릇에 냉면을 담고 복령 산수유 토마토소스와 무 초절임을 올린다.

영양소 분석	1인 기준
열량	120.4kcal
당질	25.2g
단백질	4.5g
지질	0.6g
콜레스테롤	0.0mg
섬유소	2.3g
칼슘	19.3mg
인	80.3mg
나트륨	327.8mg
칼륨	359.3mg
철분	1.5mg
비타민 C	18.7mg

복령

산수유

갈근두충 단촛물과 오이선

재 료

오이 20g, 연근 10g, 쇠고기(우둔살) 5g, 불린 표고버섯 2g, 달걀 10g, 구기자 2g(2알),
소금 0.5g(오이 절임용), 식초 5mL(연근 데침용)
쇠고기 양념 간장 0.5g, 매실청 0.5g, 다진 마늘 0.2g, 다진 파 0.3g, 후춧가루 0.1g, 참기름 0.1g
단촛물 갈근·두충 끓인 물(갈근 2g, 두충 1g, 물 100mL) 3g, 레몬즙 3g, 설탕(또는 꿀) 3g, 소금 0.1g

영양소 분석	1인 기준
열량	43.1kcal
당질	5.0g
단백질	2.8g
지질	1.5g
콜레스테롤	49.8mg
섬유소	0.7g
칼슘	12.4mg
인	42.3mg
나트륨	83.4mg
칼륨	111.6mg
철분	0.5mg
비타민 C	9.3mg

만드는 법

1. 오이는 소금을 이용하여 깨끗이 씻어 반을 가르고 2cm 길이로 자른다. 0.5cm 간격으로 칼집을 3번 내어 2조각 준비한다.

2. 소금물(물 5mL, 소금 0.5g)에 오이를 넣어 15분간 절인다.

3. 연근은 껍질을 벗기고 얇게 썰어(0.3cm) 끓는 식초물에 데쳐서 식힌다.

4. 쇠고기와 불린 표고버섯은 곱게 채 썰어 분량의 양념을 해서 10분간 재운 후 볶아서 식힌다.

5. 달걀은 황백지단을 부치고 2cm 길이로 곱게 채 썬다. 구기자를 물에 불려 놓는다.

6. 오이는 한 번 씻어 소금기를 제거하고 마른 거즈에 올려놓아 물기가 빠지게 둔다.

7. 오이 칼집 사이에 ④의 쇠고기와 표고버섯, ⑤의 달걀지단을 넣는다.

8. 분량의 재료로 단촛물을 만들어 식힌다.

9. 연근 위에 오이를 올리고 단촛물을 끼얹어 낸다.

갈근

두충

복령 상엽 육수와
맥문동 묵 국수

재 료 🍃

맥문동 2g, 도토리묵 70g, 배추김치 15g, 청장 3g, 참기름 1g, 김 2g, 깨소금 1g
육 수 복령 2g, 상엽 1g, 멸치 5g, 다시마 1g, 건새우 3g

만드는 법 🍃

1. 맥문동은 깨끗이 씻어 불린다.

2. 물 200mL에 복령, 상엽, 멸치, 다시마, 건새우를 망에 넣고 육수를 만든다.

3. 묵은 0.5cm 두께, 1.5cm 너비로 납작하고 굵직하게 썬다.

4. 김치는 속을 털고 썬다(너비 0.5cm, 길이 5cm).

5. 김은 너비 0.5cm, 길이 5cm로 썬다.

6. ②의 육수를 냄비에 담고 청장, 참기름, 깨소금을 넣어 간한 후 채 썬 묵을 담고 김치
   와 김을 올린다.

영양소 분석	1인 기준
열량	58.8kcal
당질	8.5g
단백질	2.6g
지질	1.9g
콜레스테롤	8.7mg
섬유소	2.2g
칼슘	62.2mg
인	73.6mg
나트륨	507.4mg
칼륨	158.4mg
철분	1.0mg
비타민 C	2.5mg

복령

상엽

맥문동

구기자 꿀 인삼죽

재 료

구기자 4g, 인삼 10g, 멥쌀 10g, 발아흑미 5g, 발아현미 5g, 차조 2g, 차수수 3g, 잣 2g, 죽염 0.2g, 꿀 20g

만드는 법

1. 멥쌀과 잡곡, 구기자를 2시간 정도 불린다.

2. 인삼은 깨끗이 손질한다.

3. 멥쌀과 잡곡, 인삼, 구기자를 믹서로 곱게 간다(구기자는 따로 갈아도 좋다).

4. ③에 재료를 섞어 냄비에 넣은 다음 물 300mL를 붓고 약불로 끓인다(8배죽으로 한다).

5. 꿀과 죽염으로 간을 맞춘다.

6. 그릇에 담고 잣을 고명으로 얹는다(다져서 이용해도 된다).

tip; 구기자는 따로 갈아 잣과 함께 고명으로 이용해도 된다(삼뿌리를 고명으로 이용해도 좋다).

영양소 분석	1인 기준
열량	170.2kcal
당질	37.0g
단백질	2.7g
지질	1.8g
콜레스테롤	0.0mg
섬유소	1.1g
칼슘	15.1mg
인	68.9mg
나트륨	82.0mg
칼륨	87.7mg
철분	1.7mg
비타민 C	2.1mg

구기자

인삼

상엽만두전골

재 료

표고버섯 20g, 느타리버섯 20g, 새송이버섯 20g, 양송이버섯 20g, 팽이버섯 10g, 닭가슴살 30g,
미나리 5g, 쑥갓 5g, 양파 20g, 대파 10g, 청·홍고추 각 10g씩
만두피 밀가루 65g, 물 35g, 뽕잎가루 0.5g, 소금 0.1g, 식용유 1g
만두소 닭가슴살 60g, 두부 20g, 숙주 30g, 달걀 노른자 10g, 다진 파 1.5g, 다진 마늘 1g,
참기름 2g, 소금 1g, 후춧가루 0.5g, 잣 3g
육 수 닭고기 300g, 청장 17g

만드는 법

1. 끓는 물에 닭고기를 넣고 오랫동안 익힌 다음 식혀 기름을 걷어 내고 육수를 만든
다(진한 것이 좋다).

2. 표고버섯은 기둥을 떼어 내고 갓 부분만 흐르는 물에 가볍게 헹궈 낸 후 도톰하게
채 썰고, 느타리버섯은 밑동을 잘라내고 씻은 후 한 가닥씩 떼어 낸다. 새송이버섯
은 모양을 살려 2~3등분하고 양송이버섯은 껍질을 벗기고 납작납작하게 썬다. 팽이
버섯은 밑동을 자르고 결결이 잘라둔다.

3. 양파는 길이모양을 살려 도톰하게 채 썰고, 미나리도 손질하여 이에 맞춰 썬다.

4. 대파는 ③의 재료 길이에 맞춰 도톰하게 채 썰고 쑥갓은 씻은 후 물기를 빼둔다.
청·홍고추는 3~4mm 두께로 어슷 썰어 씨를 털어 둔다.

5. 볼에 만두피의 재료를 모두 넣고 반죽하여 만두피를 만든다.

6. 닭가슴살은 곱게 다지고 두부는 물기를 빼고 곱게 으깬다. 숙주와 배추속대는 삶아
낸 후 물기를 꼭 짜고 2cm 길이로 송송 다진다.

7. 준비된 모든 만두소 재료를 합하여 고루 섞어(끈기가 나도록 한다) 만두소를 만들고
⑤의 만두피를 이용해 만두를 빚는다.

8. 양념장 재료를 합하여 양념장을 만들고 반을 덜어 닭가슴살과 양파를 양념한다.

9. 전골냄비에 ⑧의 양념한 닭가슴살과 양파를 바닥에 깔고 손질한 버섯과 양파, 배추,
대파, 청·홍고추 등을 색깔 맞춰 돌려 담고 가운데 자리를 내어 ⑦의 만두를 넣는다.

10. 준비한 육수에 청장을 넣은 후 뜨겁게 데워 ⑨에 붓고 끓이며 ⑧의 남겨둔 양념장
으로 간한다. 모자라는 간은 소금으로 한다.

11. 불을 끄기 직전 미나리와 쑥갓을 얹어 완성한다.

영양소 분석	1인 기준
열량	369.5kcal
당질	46.9g
단백질	26.1g
지질	10.4g
콜레스테롤	170.3mg
섬유소	8.0g
칼슘	90.2mg
인	329.5mg
나트륨	436.9mg
칼륨	646.4mg
철분	3.9mg
비타민 C	18.8mg

상엽

구기자소스를 곁들인
새우 잣무침

재 료

대하 50g(가식부 25g), 죽순 10g, 오이 20g, 소금 0.1g, 청주 1g, 백후춧가루 0.1g

소 스 잣가루 5g, 겨자 2g, 연유 2g, 소금 0.1g, 백후춧가루 0.1g, 참기름 1g, 구기자 약액 10g(구기자 2g에 물 100g을 넣고 30분 침지 후 20분 가열)

영양소 분석	1인 기준
열량	78.6kcal
당질	2.6g
단백질	6.0g
지질	4.9g
콜레스테롤	74.5mg
섬유소	1.0g
칼슘	30.0mg
인	102.8mg
나트륨	173.9mg
칼륨	153.3mg
철분	0.8mg
비타민 C	2.3mg

만드는 법

1. 대하는 옅은 소금물에 흔들어 씻어 등쪽으로 내장을 제거한 후 소금, 청주, 백후춧 가루를 뿌려 잠시 재운다.

2. 김이 오른 찜통에 대하를 넣고 7~8분 정도 쪄낸다.

3. 새우가 식으면 머리를 떼어 내고 껍질을 벗긴 후 반으로 저며 다시 3~4cm 길이로 썬다.

4. 오이는 씨를 제거하고 반달썰기를 해 소금에 살짝 절였다가 행주로 물기를 꼭 짠다.

5. 삶은 죽순은 오이와 같은 길이로 자른 후 반 갈라 빗살모양으로 도톰하게 썬다.

6. 달구어진 팬에 오이와 죽순을 살짝 볶아 내어 재빨리 식힌다.

7. 잣은 고깔을 떼어 낸 후 육수를 자작하게 부어 되직하게 갈아 놓는다.

8. 볼에 갈아 놓은 잣, 연유, 구기자 약액을 섞고 소금, 백후춧가루, 참기름으로 간하여 구기자소스를 만든다.

9. 볼에 준비해 놓은 대하, 오이, 죽순을 넣고 살짝 무친 후 접시에 담고 소스를 끼얹어 낸다.

tip; 새우를 찔 때 꼬치에 끼워 찌면 모양이 굽는 것을 막을 수 있다.

구기자

갈근 떡갈비스테이크

재 료

갈빗살 120g, 시금치(또는 청경채) 20g, 양파 20g, 잣가루 3g, 통깨 0.5g, 식용유 1g, 소금 0.5g
갈비 양념 갈근 끓인 물(갈근 2g, 물 100mL) 6mL, 간장 5g, 설탕 3g, 참기름 1g

만드는 법

1. 갈빗살은 기름기를 떼어 내고 살 부분만 곱게 다진다.

2. 갈근 끓인 물 6mL에 분량의 양념 재료를 섞어 양념장을 만든다.

3. ①에 ②를 넣어 잘 치댄 후 1cm 두께의 둥근 모양을 만든다.

4. 시금치는 끓는 물에 소금을 넣어 살짝 담궈 낸 후 찬물에 헹궈 물기를 짜고 3cm 길
이로 자른다. 양파는 둥글게 썰어 둔다.

5. 프라이팬에 식용유를 두르고 시금치와 양파를 각각 살짝 볶으며 소금으로 간한다.

6. 프라이팬에 소금을 두르고 ③을 넣어 앞뒤로 지져 낸다(오븐이나 그릴을 이용한다).

7. 접시에 떡갈비스테이크를 놓고 시금치, 양파를 놓는다. 고기에는 다진 잣가루를 살
짝 뿌린다.

영양소 분석	1인 기준
열량	369.6kcal
당질	7.3g
단백질	24.5g
지질	25.8g
콜레스테롤	84.2mg
섬유소	1.9g
칼슘	47.6mg
인	227.2mg
나트륨	360.7mg
칼륨	600.9mg
철분	3.7mg
비타민 C	24.4mg

갈근

강황양념 약선 닭볶음

재료

닭다리살 80g(닭다리 2개 분량), 표고버섯 5g(불린 것), 양파 5g, 깻잎 5g, 밤 15g, 은행 5g,
통깨 0.5g, 산조인 0.5g, 설탕 1g
양념장 강황 2g(끓인 물이나 생강황을 갈아서 사용 : 강황가루 2g, 물 100g), 카레가루 1g, 고추장
7g, 고춧가루 1g, 진간장 6g, 다진 마늘 2g , 청주 3g, 다진 생강 1g, 후춧가루 0.5g, 참기름 2g

영양소 분석	1인 기준
열량	252.1kcal
당질	15.4g
단백질	17.3g
지질	12.7g
콜레스테롤	67.1mg
섬유소	3.1g
칼슘	38.6mg
인	179.0mg
나트륨	633.6mg
칼륨	447.1mg
철분	1.9mg
비타민 C	8.5mg

만드는 법

1. 닭은 기름기를 떼어 내고 깨끗이 손질하여 가로, 세로 4cm로 자른다.

2. 표고버섯은 물에 1시간 정도 불려 기둥을 떼고 물기를 닦은 후 2~4등분으로 썬다.

3. 양파는 깨끗이 손질하여 씻은 후 가로 3cm, 세로 4cm로 썬다. 깻잎은 4등분한다.

4. 밤은 껍질을 제거하여 삶아 반쯤 익힌다.

5. 은행은 팬을 달구어 식용유를 두르고 중불에서 볶아 껍질을 벗긴다.

6. 분량의 재료로 양념장을 만든다.

7. ①의 닭고기에 설탕을 뿌린다.

8. 냄비에 닭을 넣고 양념장과 표고버섯, 양파, 깻잎을 넣은 다음 밤, 은행을 넣어 끓여
   완성한다.

9. 그릇에 담고 통깨와 산조인을 뿌린다.

강황

결명자 하수오 콩밀면

재 료

밀가루 20g, 감자수제비가루 20g, 하수오가루 2g, 소금 0.5g, 결명자 끓인 물 20mL(결명자 2g, 물 200mL), 검은콩 20g, 흑임자 3g, 산조인 2g, 호두 2g, 잣 3g, 무순 1g

만드는 법

1. 검은콩은 하룻밤 정도 충분히 물(300mL : 결명자 물을 사용해도 좋다)에 불려 껍질을 제거한다.

2. 볼에 결명자 끓인 물을 넣고 하수오가루를 잘 풀어 준 다음 밀가루, 감자수제비가루, 소금을 넣고 반죽한다. 농도를 결명자 물을 이용하여 맞추고 랩을 씌워 30분 정도 숙성시킨다.

3. ①의 콩을 냄비에 물과 함께 넣고 끓어오르면 불을 끄고 뚜껑을 덮어 5분 정도 두었다 건진다.

4. 삶은 콩의 2배 정도의 물을 붓고 믹서에 곱게 간다. 이때 흑임자, 산조인, 호두, 잣도 함께 간다.

5. 숙성된 반죽을 밀가루를 뿌려가며 얇게 밀어 준 후 0.5cm 굵기로 썬다(조랭이 떡처럼 모양을 내도 좋다).

6. 끓는 물에 면을 넣어 삶은 후 찬물에 얼음을 넣어 차게 식힌 다음 준비한 그릇에 담는다.

7. ③의 국물을 면 위에 부어 준 후 무순(또는 오이)을 올린다.

8. 소금을 따로 제공한다.

영양소 분석	1인 기준
열량	258.6kcal
당질	37.7g
단백질	10.2g
지질	8.9g
콜레스테롤	0.0mg
섬유소	4.9g
칼슘	88.0mg
인	190.9mg
나트륨	170.9mg
칼륨	369.5mg
철분	2.6mg
비타민 C	0.4mg

결명자

하수오

약선 상추쌈
(산수유·산조인·박하)

재 료

산수유 1g, 산조인 0.11g, 상추 30g(3잎), 감자 50g, 옥수수(캔) 5g, 청·홍파프리카 각 1g씩,
흑임자 0.5g
쌈 장 박하 끓인 물 1mL(박하 3g, 물 50mL), 된장 3g, 고추장 3g, 마요네즈 2g, 레몬즙 0.5mL

영양소 분석	1인 기준
열량	61.8kcal
당질	9.1g
단백질	2.4g
지질	2.1g
콜레스테롤	1.9mg
섬유소	1.8g
칼슘	29.0mg
인	50.8mg
나트륨	214.4mg
칼륨	303.4mg
철분	1.2mg
비타민 C	18.9mg

만드는 법

1. 산수유는 깨끗이 씻어 물에 20분간 불린 후 다진다.

2. 상추는 깨끗이 씻어 끝부분을 자른다.

3. 옥수수(캔)는 물기를 빼고 청·홍파프리카는 다진다(0.5×0.5cm).

4. 감자는 껍질을 벗겨 삶은 후 으깬다.

5. 으깬 감자에 ①의 산수유와 ③의 옥수수, 파프리카를 넣고 버무린다.

6. ⑤를 지름 3cm의 완자로 빚는다. 완자 위에 흑임자와 산조인을 고명으로 얹는다.

7. 분량의 재료로 쌈장을 만든다. 이때 레몬즙을 마지막에 넣는다.

8. 상추를 둥글게 말아 쌈장을 한쪽에 바르고 ⑥의 감자완자를 넣는다.

산수유

산조인

박하

약선 대하찜
(적작약·백출·나복자·솔잎)

재 료

적작약 1g, 백출 1g, 나복자 1g, 솔잎 2g, 대하 60g짜리 3마리(180g), 참기름 3g, 꼬치 10개, 파 15g, 마늘 15g
양 념 소금 0.5g, 후춧가루 0.1g, 청주 3mL
고 명 청·홍고추 각 10g씩, 석이버섯 1g, 달걀 20g

만드는 법

1. 적작약, 백출, 나복자, 솔잎을 깨끗이 씻어 솔잎을 제외한 나머지 재료를 망에 넣는다.

2. 새우는 머리와 꼬리를 남기고 껍질을 벗긴 다음 등쪽에 칼집을 넣고 내장을 빼낸 뒤 넓게 펴서 잔칼집을 넣는다.

3. 새우에 소금, 후춧가루, 청주를 고루 뿌리고, 새우가 뒤틀리지 않도록 꼬리에서 머리 쪽으로 꼬치를 꽂는다.

4. 파, 마늘은 손질하여 파는 어슷 썰고, 마늘은 저민다.

5. 청·홍고추는 씻어서 반으로 갈라 씨를 제거하고 길이 2cm, 폭과 두께는 0.2cm가 되도록 채 썬다.

6. 석이버섯은 물에 불려서 비벼 깨끗이 씻은 다음 가운데 돌기를 제거하고 물기를 닦아 폭 0.1cm 정도로 채 썬다.

7. 달걀은 황백지단을 부쳐 길이 2cm로 채 썬다.

8. 찜기에 물을 붓고 망에 넣은 약재와 파, 마늘을 넣은 후 새우 밑에 솔잎을 깔고 새우를 올려 5분간 찐다.

9. 찐 새우의 꼬치를 빼내고 참기름을 바른다.

10. 접시에 솔잎을 깔고 찐 새우를 올린다. 새우에 청·홍고추, 석이버섯, 황백지단을 고명으로 얹는다(새우살을 다져서 익힌 후 올리는 것도 좋다).

영양소 분석	1인 기준
열량	231.6kcal
당질	6.7g
단백질	33.0g
지질	7.4g
콜레스테롤	539.0mg
섬유소	3.3g
칼슘	131.4mg
인	451.1mg
나트륨	421.8mg
칼륨	652.5mg
철분	3.3mg
비타민 C	24.8mg

적작약

백출

나복자

나복자 하수오 단호박 갈비찜

재 료

소갈비 150g, 단호박 400g, 밤 15g, 당근 10g, 대추 5g, 은행 6g, 구기자 2g, 길경 10g,
갈비 데친 물 100mL
갈비 데칠 때 나복자 5g, 하수오 5g, 물 1,000mL, 청주 2mL
갈비 양념 간장 10g, 배 20g, 양파 7g, 청주 17g, 다진 파 5g, 다진 마늘 2g, 강황가루 0.7g, 꿀 3g,
참기름 1.5g, 산조인 0.7g, 깨 0.7g, 후춧가루 0.2g, 설탕 3g

영양소 분석   1인 기준

열량	438.4kcal
당질	38.2g
단백질	25.1g
지질	19.5g
콜레스테롤	70.6mg
섬유소	6.8g
칼슘	89.4mg
인	293.9mg
나트륨	702.4mg
칼륨	239.3mg
철분	4.28mg
비타민 C	46.5mg

만드는 법

1. 소갈비는 찬물에 담가 핏물을 빼주며 중간에 한두 번 물을 갈아 준다(최소 3시간 이상 담가 둬야 하며 하룻밤 정도 담가 두면 누린내 제거에 좋다).
2. 핏물 뺀 갈비의 기름기를 제거하고 갈비살 쪽으로 잔칼집을 내준다.
3. 냄비에 물을 붓고 나복자, 하수오를 넣어 끓으면 핏물 뺀 갈비와 청주를 넣고 한소끔 끓어 낸다.
4. 갈비는 데치듯 끓여 내어 뜨거운 물에 씻어서 건져 두고 데친 물은 버리지 말고 양념장에 사용한다.
5. 믹서에 간 배와 양파, 청주, 꿀, 다진 파, 다진 마늘, 강황가루, 참기름, 산조인, 깨, 후춧가루를 넣어 양념장을 만든다(양념을 재워 하루 이상 냉장고에 숙성시키면 좋다).
6. 데친 갈비를 양념장에 잘 재워 냉장고에 최소 2시간 이상 둔다.
7. 밤, 대추, 은행, 구기자, 길경을 준비하고 당근은 둥근 모양으로 깎는다.
8. 냄비에 갈비를 넣고 센불에서 끓이다가 끓으면 중불에서 20분간 끓여 준다. 20분 후 밤, 대추, 은행, 당근을 넣고 국물이 자작하게 남도록 끓여 준다.
9. 단호박은 윗부분을 깊숙이 칼로 도려낸 후(뚜껑) 수저로 씨를 제거한다.
10. 단호박에 완성된 갈비찜을 담아 채워 준다.
11. 단호박 뚜껑을 덮고 찜통에 넣어 김이 오르고 난 후부터 30분간 찌면 완성된다.
12. 완성된 단호박은 꺼내어 알맞은 크기로 돌려 가며 자른 후 접시에 담아 낸다.

나복자

하수오

마늘칩과 강황 메로구이

재 료

메로 100g, 소금 1g, 후춧가루 0.2g
강황소스 양파 30g, 생크림 30g, 강황가루 0.5g, 소금 0.5g, 후춧가루 0.2g
요거트소스 플레인요거트 20g, 생크림 20g, 레몬즙 6g, 물엿 9g
마늘칩 마늘 30g, 식용유(튀김용)

만드는 법

1. 팬에 양파를 볶다가 강황가루를 넣고 살짝 볶는다.

2. 강황가루가 타기 전에 생크림을 넣고 졸인다.

3. 소금, 후춧가루로 간을 하고 블렌더로 갈아 체에 내려 강황소스를 만든다.

4. 요거트소스 재료를 모두 섞어 요거트소스를 만든다.

5. 마늘은 얇게 슬라이스하여 찬물에 1시간 동안 진액을 뺀다.

6. 물기를 모두 제거한 뒤 140도 기름에 넣어 튀긴다.

7. 팬에 기름을 두르고 소금, 후춧가루로 간한 메로를 굽는다(한 면당 2분씩 – 뒤집고 나서 뚜껑 덮기).

8. 접시에 강황소스를 깔고 메로를 올린 뒤 메로 위에 요거트소스를 올린다.

9. 요거트소스 위에 마늘칩을 올린다.

영양소 분석	1인 기준
열량	242.7kcal
당질	27.5g
단백질	24.1g
지질	4.3g
콜레스테롤	80.9mg
섬유소	2.4g
칼슘	83.3mg
인	328.6mg
나트륨	537.6mg
칼륨	662.1mg
철분	1.0mg
비타민 C	10.1mg

강황

국화소스를 곁들인 3색 튀김

재 료

연어 30g, 부드러운 두부 20g, 아보카도 70g, 어린잎 채소 10g, 청·홍고추 각 1g씩, 쪽파 1g,
찹쌀가루 10g, 청주 2g, 소금 0.2g, 후춧가루 0.1g, 식용유(튀김용) 250g
소 스 국화 끓인 물 6g(국화 2g에 물 100g 넣어 30분 침지 후 5분간 끓임), 녹말 0.2g, 간장 12g,
미림 2g, 청주 2g, 참기름 1g, 식초 1.5g

영양소 분석	1인 기준
열량	340.0kcal
당질	13.5g
단백질	10.8g
지질	27.3g
콜레스테롤	18.0mg
섬유소	4.6g
칼슘	52.0mg
인	147.5mg
나트륨	392.6mg
칼륨	654.2mg
철분	1.4mg
비타민 C	14.1mg

만드는 법

1. 두부는 물기를 뺀 다음 한입 크기로 자른다.

2. 연어는 씻은 다음 한입 크기로 잘라 청주와 소금, 후춧가루를 살짝 뿌려 둔다.

3. 아보카도 역시 한입 크기로 자른다.

4. 두부, 연어, 아보카도에 찹쌀가루를 듬뿍 묻혀서 180도의 기름에서 바삭하게 튀긴다.

5. 국화 끓인 물 6g에 녹말 0.2g을 넣어 물녹말을 만들어 놓는다.

6. 간장, 미림, 청주, 참기름, 식초에 ⑤를 넣고 중불에서 끓이다가 말갛게 되면 불을 끈다.

7. 튀김 위에 끓인 소스를 골고루 뿌리고 그 위에 어린잎 채소와 홍고추, 청고추, 쪽파
를 송송 썰어 올려 장식한다.

국화

한방 차돌박이 떡볶음

재료

떡 50g, 당면 10g, 차돌박이 100g, 양파 20g, 당근 10g, 대파 2g, 청·홍고추 각 2g씩, 식용유 2g
소 스 구기자 끓인 물 20g(구기자 0.5g, 물 50g을 넣어 30분 침지 후 20분간 끓임), 간장 10g,
설탕 6g, 다진 마늘 1.5g, 다진 파 1.5g, 참기름 1g, 산조인 1g, 깨소금 1g, 후춧가루 0.1g

만드는 법

1. 당근은 0.5cm 두께로 링썰기 한 뒤 4등분하고 양파는 1×1cm 크기로 사각썰기한다.

2. 대파, 청고추, 홍고추는 5cm 길이로 썬 뒤 얇게 채 썰어 찬물에 담가 둔다.

3. 떡과 당면은 미지근한 물에 불려 놓는다.

4. 기름 두른 팬에 양파, 당근을 넣고 살짝 볶은 후 차돌박이와 떡, 소스를 넣고 한 번
   더 볶는다.

5. 재료가 어느 정도 익어 소스가 배면 불린 당면을 넣고 한 번 더 볶는다.

영양소 분석	1인 기준
열량	342.4kcal
당질	33.8g
단백질	23.9g
지질	11.7g
콜레스테롤	49.2mg
섬유소	1.4g
칼슘	27.6mg
인	262.2mg
나트륨	558.2mg
칼륨	426.3mg
철분	3.2mg
비타민 C	4.7mg

구기자

구기자 청태콩죽

재 료

구기자 끓인 물 400g(구기자 10g에 물 1,000g을 넣어 30분 침지 후 20분간 끓임), 청태(건조) 70g, 쌀 50g, 은행 30g, 잣 30g

만드는 법

1. 청태콩은 깨끗이 씻어 6시간 이상 물에 불린다.
2. 쌀은 깨끗이 씻어 1시간 이상 불린다.
3. 은행은 속껍질을 까고 잣은 고깔을 떼어 놓는다.
4. ①, ②, ③에 구기자 물을 붓고 믹서에 간다.
5. 냄비에 ④를 넣고 끓인다.

영양소 분석	1인 기준
열량	379.5kcal
당질	39.6g
단백질	12.6g
지질	19.4g
콜레스테롤	0.0mg
섬유소	5.0g
칼슘	42.4mg
인	281.8mg
나트륨	6.1mg
칼륨	608.6mg
철분	3.3mg
비타민 C	4.2mg

구기자

하고초 메밀전병

재 료

메밀가루 20g, 하고초 끓인 물 50mL(하고초 1g, 물 100mL), 맥문동 3g, 신 김치 15g, 돼지고기(안심) 15g, 무 15g, 간장 0.5g, 참기름 1g, 통깨 0.5g, 콩기름 2g

만드는 법

1. 메밀가루에 하고초 끓인 물을 넣고 잘 저어 30분간 숙성시킨다.

2. 돼지고기를 너비 0.3cm, 두께 0.3cm, 길이 4cm로 썬다.

3. 팬에 기름을 두르고 신 김치와 돼지고기를 넣고 볶는다.

4. 대추를 깨끗이 다듬어 돌려깎아 씨를 뺀 후 0.2cm 두께로 채 썬다(대신 맥문동을 물에 불려 넣어도 좋다).

5. 무는 너비 0.3cm, 두께 0.3cm, 길이 4cm로 채 썰어 간장에 버무린 후 참기름을 두르고 볶아 마지막에 통깨를 뿌린다.

6. 프라이팬에 기름을 조금만 두르고 ①의 메밀반죽을 0.1cm 두께로 얇게 부친다.

7. 얇게 부친 메밀 반죽 위에 ③, ④, ⑤의 재료를 넣고 한입 크기로 썰어서 낸다.

영양소 분석	1인 기준
열량	137.1kcal
당질	14.3g
단백질	5.4g
지질	6.1g
콜레스테롤	9.9mg
섬유소	1.6g
칼슘	21.8mg
인	134.9mg
나트륨	210.9mg
칼륨	184.0mg
철분	1.0mg
비타민 C	4.3mg

하고초

금은화 형개 온 임자수탕

재 료

금은화 1g, 형개 1g, 닭 100g, 물 1,400mL, 파 12g, 마늘 12g, 생강 5g, 흰깨(통깨) 10g, 쇠고기 15g, 미나리 7g, 달걀 2g, 밀가루 5g, 올리브유 0.5g, 홍고추 6g, 소금(곁들여 냄)

고기 양념 설탕 0.6g, 다진 파 15g, 다진 마늘 0.4g, 참기름 0.4g, 후춧가루 0.05g, 깨소금 0.1g

만드는 법

1. 금은화, 형개는 깨끗이 씻어 망에 담는다.

2. 손질한 닭(껍질 제거)은 분량의 파, 마늘, 생강, 물과 함께 ①의 약재를 넣고 푹 삶는다. 익은 닭고기는 결대로 찢고 국물은 기름을 걷어 낸다.

3. 분량의 통깨를 갈아서 닭 국물을 부어 체에 거른다.

4. 쇠고기는 다져 분량의 고기 양념으로 간한다.

5. 양념한 고기는 직경 1cm의 완자로 빚어 밀가루, 달걀물을 만들어 입혀 지진다.

6. 홍고추는 마름모 모양으로 썰어 녹말을 묻히고 끓는 물에 데쳐서 냉수에 헹군다.

7. 미나리는 꼬치에 나란히 꽂아 밀가루와 달걀옷을 입혀 팬에 살짝 지져 초대로 만들어 마름모꼴로 잘라 둔다.

8. 대접에 닭살, 쇠고기완자, 홍고추, 미나리초대를 얹고 ③의 참깨국을 붓는다.

영양소 분석	1인 기준
열량	305.7kcal
당질	7.4g
단백질	22.0g
지질	20.5g
콜레스테롤	80.2mg
섬유소	2.2g
칼슘	131.8mg
인	192.3mg
나트륨	45.0mg
칼륨	318.0mg
철분	2.1mg
비타민 C	9.4mg

금은화

형개

길경 무만두

재 료

무절임 무 30g, 소금 2g, 물 50g

만두소 닭안심 20g, 당근 2g, 부추 2g, 불린 표고버섯 2g, 양파 2g, 도라지 2g, 달걀 노른자 3g, 소금 0.3g, 후춧가루 조금, 다진 마늘 1g, 생강 1g, 설탕 2g, 참기름 1g

초간장 간장 2g, 설탕 1.5g, 식초 2g, 물 1.7g

만드는 법

1. 무는 얇게 슬라이스해서 소금물에 10여 분간 절여 놓았다가 한 번 헹궈 물기를 뺀다.
2. 닭안심은 소금, 후춧가루, 생강으로 밑간해 놓는다.
3. 핸드 블렌더에 닭안심을 넣고 곱게 간 다음 당근, 양파, 표고버섯을 넣고 거칠게 간다.
4. 부추는 잘게 썰어 넣고 달걀 노른자와 만두소 양념을 한데 잘 섞는다(부추는 일부 남겨서 전자레인지에 20초 정도 돌려 부드럽게 익힌 후 만두피 묶을 때 쓴다).
5. 무절임 한 장에 만두소를 적당량 덜어 무와 소가 맞닿는 면에 밀가루를 바르고 좌우로 접어서 익힌 부추로 잘 묶어 준다.
6. 찜기에 면보를 깔고 김이 오르면 20분간 찐 후 초간장과 함께 낸다.

영양소 분석	1인 기준
열량	160.3kcal
당질	5.7g
단백질	12.3g
지질	9.5g
콜레스테롤	15.6mg
섬유소	3.4g
칼슘	164.6mg
인	121.8mg
나트륨	164.5mg
칼륨	174.4mg
철분	2.8mg
비타민 C	8.4mg

길경

강황돼지고기 파채말이

재 료

돼지고기(안심, 살코기) 20g, 파 2.5g, 양파 5g, 사과 5g

돼지고기 양념 강황가루 0.3g, 간장 0.8g, 다진 마늘 0.8g, 청주 4g, 통후추 0.1g

파, 양파, 사과 양념 소금 0.1g, 식초 1g, 설탕 1g

만드는 법

1. 파와 양파는 채 썰어 차가운 물에 담가 매운맛도 빠지고 아삭해지도록 해 놓는다.

2. 돼지고기는 강황가루, 간장, 마늘, 청주, 후추를 넣어서 양념장에 잠깐 재워 둔다.

3. 물기를 제거한 파와 양파, 채 썬 사과는 소금, 식초, 설탕을 넣어서 무쳐 준다.

4. 팬에 기름을 두르지 말고 돼지고기를 앞뒤로 기름이 쪽 빠지게 구워 준다.

5. 잘 구어진 고기에 채소를 돌돌 말아 먹기 좋게 꼬치에 끼워 상차림한다.

영양소 분석	1인 기준
열량	82.3kcal
당질	2.9g
단백질	3.7g
지질	5.6g
콜레스테롤	11.0mg
섬유소	0.3g
칼슘	5.3mg
인	32.9mg
나트륨	68.5mg
칼륨	67.9mg
철분	0.1mg
비타민 C	1.4mg

강황

오가피 스테이크 샐러드

재 료

쇠고기 안심 100g, 샐러드 채소 20g, 소금 0.5g, 통후추 0.2g

소 스 파인애플 다진 것 40g, 연겨자 0.1g, 소금 0.5g, 후춧가루 0.1g, 올리브유 10g,
파인애플 국물 20g, 옥수수 20g, 오가피 분말 2g

만드는 법

1. 샐러드 채소는 깨끗이 씻어서 물기를 빼둔다.

2. 달궈진 팬에 쇠고기를 올려 소금과 후춧가루를 적당량 뿌려 구워 준다.

3. 소스는 쇠고기를 구운 팬에 분량의 재료를 넣고 조금 졸여 준다.

4. 완성 그릇에 샐러드를 담고 그 위에 쇠고기를 올린 후 소스를 뿌려 낸다.

영양소 분석	1인 기준
열량	265.6kcal
당질	3.9g
단백질	21.4g
지질	18.1g
콜레스테롤	49.0mg
섬유소	14g
칼슘	19.4mg
인	219.3mg
나트륨	411.5mg
칼륨	390.4mg
철분	2.8mg
비타민 C	9.6mg

오가피

복분자 와인 사과 샐러드

재 료

사과 20g, 오이 20g, 어린잎 채소 20g
소 스 복분자 와인 15g, 꿀 2g, 레몬즙 3g

만드는 법

1. 사과는 4등분하여 씨를 빼고 반달 모양으로 채 썬다.

2. 오이는 깨끗이 씻어 원형 모양으로 얇게 채 썰어 얼음물에 살짝 담갔다가 꺼낸다.

3. 어린잎 채소도 깨끗이 씻어 얼음물에 담갔다가 꺼낸다.

4. 복분자 와인과 꿀을 넣고 중불에서 1/3 분량이 되도록 조려서 와인리덕션을 만들어 둔다.

5. ④에 레몬즙을 섞어 소스를 완성한다.

6. 채소를 모두 섞은 후 소스를 뿌려 낸다.

영양소 분석	1인 기준
열량	32.5kcal
당질	6.4g
단백질	0.4g
지질	0.1g
콜레스테롤	0.0mg
섬유소	0.6g
칼슘	12.3mg
인	14.6mg
나트륨	3.9mg
칼륨	96.5mg
철분	0.3mg
비타민 C	5.6mg

복분자

치자두부과자를 곁들인
황금 소스 참치 샐러드

재 료

냉동참치 60g, 어린잎 채소 10g, 보라색 양파 10g, 라임 5g, 통후추 10g

치자두부과자 치자가루 0.5g, 두부(물기 제거) 30g, 달걀 5g, 찹쌀가루 5g, 산조인 1g, 설탕 1g, 식용유 100g

소 스 황금 우린 물 5g(황금 3g에 물 50g을 넣고 30분간 침지 후 20분간 끓임), 올리브오일 10g, 설탕 6g, 미림 6g, 와사비 1g, 식초 8g, 소금 0.2g

만드는 법

1. 냉동된 참치는 물 400cc에 소금 10g을 넣어서 5분 정도 담가 살짝 해동한다(완전 해동하면 모양도 풀어지고 맛도 없어진다).

2. 살짝 해동한 참치는 키친타월을 이용해 물기를 닦아 내고 소금을 살짝 뿌린 다음 사방에 통후추를 갈아서 듬뿍 뿌려 준다.

3. 팬에 기름을 살짝 두르고 참치를 올린 후 사방 겉면만 살짝 익혀 속이 보이도록 썰어 준다.

4. 두부과자는 다음의 순서대로 만들어 둔다.
   1) 두부를 잘 으깨서 물기를 최대한 제거한다.
   2) 으깬 두부에 달걀과 찹쌀가루, 산조인, 설탕 등을 넣어 준다.
   3) 반죽을 밀대로 얇게 민 후 칼을 이용해 적당한 크기로 잘라 준다.
   4) 기름에 살짝 튀겨 낸다.

5. 분량의 소스 재료를 넣어 소스를 만든다.

6. 양파와 라임은 둥글게 썰고 어린잎 채소는 찬물에 씻어 물기를 빼준다.

7. 라임, 참치, 채소, 양파, 두부과자를 순서대로 접시에 담아 낸다.

8. ⑦ 위에 소스를 듬뿍 뿌려 낸다.

영양소 분석	1인 기준
열량	267.2kcal
당질	18.3g
단백질	17.7g
지질	13.9g
콜레스테롤	56.8mg
섬유소	3.6g
칼슘	101.2mg
인	171.2mg
나트륨	241.9mg
칼륨	313.5mg
철분	5.2mg
비타민 C	5.0mg

치자

황금

백출 해물파전

재 료

찹쌀가루 10g, 멥쌀가루 20g, 쪽파 30g, 미나리 5g, 쇠고기 10g, 달걀 15g, 조갯살 10g, 홍합살 10g, 굴 15g, 새우살 15g, 참기름 1g, 식용유 5g, 소금 1g(가염 쌀가루일 경우 제외)
쇠고기 양념 소금 0.2g, 설탕 0.3g, 참기름 0.2g, 후춧가루 0.05g
반죽다시(국물 30mL) 백출 2g, 다시마 1g, 물 200mL

영양소 분석	1인 기준
열량	219.7kcal
당질	27.1g
단백질	13.5g
지질	5.6g
콜레스테롤	137.9mg
섬유소	0.9g
칼슘	70.0mg
인	172.2mg
나트륨	233.1mg
칼륨	301.0mg
철분	2.5mg
비타민 C	8.8mg

만드는 법

1. 파는 속대만 사용하여 다듬은 후 4cm 길이로 자른다.

2. 미나리는 다듬어서 4cm 길이로 자른다.

3. 쇠고기는 잘게 다진다.

4. 각종 해산물을 씻어 물기를 뺀다(홍합, 조갯살은 해감을 토하게 하고 잘 씻어 다진다. 새우는 잘 씻어 등 부분의 내장은 떼어 내고 굴은 씻어서 물기를 뺀다).

5. 반죽다시에 쌀가루를 풀고 달걀을 잘 섞은 후 소금으로 간을 한다.

6. 뜨겁게 달군 프라이팬에 기름을 두른 후 파를 얹고 그 위에 미나리를 얹는다.

7. ③의 쇠고기와 ④의 해물을 ⑥의 파와 미나리 사이사이에 얹는다.

8. ⑦ 위에 다시 미나리를 얹고, 그 위에 파를 얹는다.

9. ⑧ 위에 반죽물을 붓고, 1분 정도 익힌 후 두 번째 반죽물을 붓는다.

10. 파 사이사이에 얹은 해물이 익도록 ⑨를 넓게 펴 익힌 후 가지런히 모아서 뒤집는다.

11. 완성된 파전을 접시에 담아 내고 기호에 따라 초고추장을 곁들인다.

백출

하엽 국화 산사 밀전병 구절판

재료

쇠고기 15g, 불린 표고버섯 7g, 불린 목이버섯 3g, 달걀 10g, 당근 7g, 오이 10g, 숙주 10g, 잣 3g, 소금 1g

쇠고기 양념 간장 1g, 설탕 0.5g, 참기름 0.2g, 다진 파 0.5g, 다진 마늘 0.5g

표고버섯 양념 간장 0.3g, 설탕 0.3g, 참기름 0.1g

목이버섯 양념 소금 0.1g, 참기름 0.3g

숙주 양념 참기름 0.3g, 소금 0.3g

밀전병 하엽 우린 물 10g, 국화 우린 물 10g, 산사 우린 물 10g(각각의 재료 2g에 물 100g을 붓고 30분간 침지 후 5분간 끓임), 밀가루 15g, 소금 1g, 식용유 0.5g

겨자초장 겨자 2g, 배즙 10g, 설탕 0.2g, 식초 2g

만드는 법

1. 마른 표고버섯은 불려 채 썬 뒤 분량의 표고버섯 양념에 무쳐 10분간 재웠다가 팬에 볶는다.

2. 쇠고기는 채 썬 뒤 쇠고기 양념에 무쳐 10분간 재웠다가 팬에 볶는다.

3. 목이버섯도 불려 채 썬 뒤 분량의 목이버섯 양념에 무쳐 10분간 재웠다가 팬에 볶는다.

4. 달걀은 흰자와 노른자를 나누어 각각 지단을 부친 다음 4cm 길이로 채 썬다.

5. 당근과 오이도 4cm 길이로 채 썰어 끓는 소금물에 넣고 물기를 짠 뒤 팬에 기름을 두르고 소금으로 간하여 각각 볶는다.

6. 숙주는 머리와 뿌리 부분을 떼어 다듬은 뒤 끓는 물에 소금을 넣고 데쳐 물기를 짠 다음 소금과 참기름으로 간한다.

7. 하엽, 국화, 산사 우린 물 각각에 밀가루를 1:1로 섞어 소금을 넣고 반죽한 다음 5분간 둔다.

8. 팬에 기름을 조금 두르고 반죽을 지름 9cm가 되도록 동그랗고 얇게 펼쳐 밀전병을 부친다.

9. 분량의 재료를 섞어 겨자 초장을 만든다.

10. 완성 그릇의 가장자리에 채 썬 재료들을 색깔 맞춰 둘러 담은 뒤 가운데 3가지 밀전병을 담고 잣으로 장식한 다음 겨자초장을 곁들인다.

영양소 분석	1인 기준
열량	256.6kcal
당질	27.1g
단백질	15.5g
지질	10.8g
콜레스테롤	157.8mg
섬유소	8.7g
칼슘	43.3mg
인	181.7mg
나트륨	548.2mg
칼륨	514.1mg
철분	4.9mg
비타민 C	7.8mg

하엽

국화

산사

하엽 하수오 초계탕

재 료

하엽 1g, 하수오 2g, 닭가슴살 150g(삶은 후 120g), 달걀 25g, 당근 3g, 오이 15g, 수삼 10g, 배 30g, 잣 3g, 생강(편) 5g, 소금 0.2g, 후춧가루 0.1g

육 수 닭과 약재육수 100g, 거피깨 10g, 설탕 5g, 꿀 5g, 감식초 25g, 소금 0.2g, 후춧가루 0.1g

영양소 분석	1인 기준
열량	255.1kcal
당질	13.5g
단백질	28.9g
지질	9.1g
콜레스테롤	188.8mg
섬유소	3.3g
칼슘	165.9mg
인	328.1mg
나트륨	169.8mg
칼륨	470.1mg
철분	3.3mg
비타민 C	5.5mg

만드는 법

1. 하엽, 하수오는 깨끗이 씻어 망에 담는다.

2. ①의 약재망과 닭가슴살, 편생강을 함께 삶아 내어 닭은 잘게 찢어 소금, 후춧가루로 간한다. 국물은 육수로 사용한다.

3. 달걀은 삶아서 껍질을 제거한 뒤 반으로 썰어 준비한다.

4. 당근, 오이, 수삼, 배는 곱게 채 썰어 준비한다.

5. 육수는 분량의 재료를 블렌더에 곱게 갈아 준비한다.

6. 준비된 닭고기, 달걀, 채소, 수삼을 가지런히 담고 육수를 붓는다.

7. 잣을 띄워 낸다(대추, 호두 이용 가능).

하엽

하수오

하수오 석류탕

재 료

쇠고기 10g, 닭고기 10g, 무 10g, 숙주 10g, 미나리 6g, 불린 표고버섯 10g, 두부 6g, 잣 1g, 달걀 10g
만두피 밀가루 30g, 소금 0.2g, 물 7mL
육 수 하수오 5g, 양지머리 20g, 물 300mL, 국간장 3g, 소금 1g
고기 양념 소금 0.2g, 파 1.5g, 마늘 1.5g, 참기름 0.2g, 깨소금 0.2g, 후춧가루 0.05g, 간장 0.2g

영양소 분석	1인 기준
열량	174.4kcal
당질	25.3g
단백질	11.7g
지질	3.7g
콜레스테롤	62.7mg
섬유소	2.5g
칼슘	33.7mg
인	123.1mg
나트륨	666.7mg
칼륨	242.6mg
철분	1.5mg
비타민 C	3.9mg

만드는 법

1. 쇠고기와 닭고기는 곱게 다져 고기 양념을 한다.

2. 무는 채 썰어 끓는 물에 데쳐 내고 숙주, 미나리도 데쳐서 짧게 썰고 마른 표고버섯은 불려서 곱게 채 썬다.

3. 미리 준비한 재료들과 두부를 으깨어 섞어서 만두소(쇠고기, 닭고기, 무, 숙주, 미나리, 표고, 두부)를 만든다.

4. 하수오를 망에 넣어 양지머리와 함께 육수를 끓여 체에 밭쳐서 간을 맞추어 놓는다.

5. 달걀은 황백으로 나누어 지단을 도톰하게 부쳐 사방 1.5cm의 완자형으로 썬다.

6. 밀가루를 반죽하여 지름 1cm 정도로 얇게 밀어 ③의 소를 넣고 잣을 넣어 석류 모양으로 빚는다.

7. ④의 육수를 끓이다가 ⑥의 만두를 넣어 익힌다.

8. 그릇에 4개씩 떠 놓고 육수를 붓고 지단을 띄운다.

하수오

백출 하고초 어채

재 료

민어살 50g, 홍고추 6g, 오이 30g, 표고버섯 15g, 석이버섯 1g, 달걀 10g, 녹말가루 30g, 잣 2g
초고추장 백출·하고초 끓인 물 3mL(백출 2g, 하고초 2g, 물 100mL), 고추장 3g, 식초 1g, 설탕 1g,
생강즙 0.2g, 레몬즙 1g

만드는 법

1. 민어는 0.7cm 정도로 도톰하게 포를 뜬 다음 6×1cm 크기로 썰어 소금과 후춧가루를 뿌린다.

2. 홍고추, 오이, 표고버섯은 손질하여 4×1×0.5cm로 썰어 놓는다.

3. 석이버섯은 따뜻한 물에 불려 비벼 씻어 뒷면의 이끼와 돌을 따내고 큰것은 떼어 놓는다.

4. 달걀을 풀어 황백지단을 도톰하게 부쳐 홍고추와 같은 크기로 썬다(4×1×0.5cm).

5. ①~③의 재료(민어, 홍고추, 오이, 표고, 석이)에 녹말가루를 묻혀 녹말가루가 수분을 완전히 흡수하도록 둔다.

6. 끓는 물에 ⑤의 생선을 먼저 넣고 생선이 뜨면 건져 찬물에 헹구어 식히고 나머지 재료도 같은 방법으로 2~3회 끓는 물에 튀해 낸다.

7. 접시에 어채를 돌려 담고 오색의 고명을 색색이 맞추어 얹은 후 가운데 잣을 올린다.

8. 초고추장을 곁들인다.

영양소 분석	1인 기준
열량	162.4kcal
당질	19.3g
단백질	11.9g
지질	4.3g
콜레스테롤	84.0mg
섬유소	3.2g
칼슘	55.8mg
인	154.2mg
나트륨	124.5mg
칼륨	344.9mg
철분	2.1mg
비타민 C	11.0mg

백출

하고초

하엽밥

재 료

찹쌀 70g, 하엽 10g, 연자육 5g, 연근 5g, 녹두 5g, 팥 5g, 강낭콩 5g, 수수 5g, 차조 3g

만드는 법

1. 찹쌀은 씻어서 2~3시간 불린다.

2. 녹두, 팥, 강낭콩, 수수도 깨끗이 씻어 2~3시간 불렸다가 살짝 삶아 놓고 차조도 불려 놓는다.

3. 하엽은 흐르는 물에 씻어 놓는다.

4. 연자육도 씻어서 건져 놓는다.

5. 연근은 깨끗이 씻어 껍질을 벗기고 강낭콩 크기로 썰어 둔다.

6. 하엽에 준비된 모든 재료를 넣고 왼쪽과 오른쪽을 아물려서 이쑤시개로 고정시킨다.

7. 하엽밥을 찜기에 넣고 수증기가 나오기 시작하여 20분 동안 찐다.

영양소 분석	1인 기준
열량	286.1kcal
당질	60.2g
단백질	7.7g
지질	0.6g
콜레스테롤	0.0mg
섬유소	3.4g
칼슘	18.3mg
인	147.3mg
나트륨	4.1mg
칼륨	331.2mg
철분	2.2mg
비타민 C	3.1mg

하엽

영문판 약선 레시피

Medicinal food Recipe

DIABETES

- Gu-gi-ja crabmeat-kimchi roll, Du-chung soft persimmon sauce
- Bok-ryung San-soo-yu tomato sauce, naengmyeon
- Stuffed cucumbers with Gal-keun & Du-chung danchosmool
- Meg-moon-dong dotorimuk noodles in Bok-ryung & Sang-yeop stock
- Gu-gi-ja honey flavored ginseng porridge
- Sang-yeop mandu casserole
- Shrimp & pine nut seasoned with Gu-gi-ja sauce
- Gal-keun ddeok-kalbi

HYPERTENSION

- Turmeric flavored, pan-broiled chicken
- Kul-myung-ja & Ha-su-oh noodles in chilled black bean soup
- Herbal (San-soo-yu, San-jo-in, Peppermint) lettuce ssam
- Herbal (Red peony, Baek-chul, Na-bok-ja, Pine needles) steamed tiger prawn
- Steamed pumpkin stuffed with Na-bok-ja & Ha-su-oh galbijjim
- Grilled chilean sea bass with Turmeric sauce and garlic chips
- Fried salmon, tofu & avocado with Kuk-hwa sauce
- Stir-fried herbal chadolbaki
- Gu-gi-ja soybean porridge

HYPERLIPIDEMIA

- Ha-ko-cho buckwheat pancakes
- Warm imjasootang with Keum-eun-hwa & Hyung-gae
- Balloon flower radish mandu
- Tumeric pork leek roll
- Oh-ga-py steak salad
- Apple salad with Bok-bun-ja wine sauce
- Tuna salad with Hwang-keum sauce & Chi-ja tofu snack

OBESITY

- Baek-chul seafood pajeon
- Ha-yeop, Kuk-hwa & San-sa gujeolpan
- Ha-yeop, Ha-su-oh chogyetang
- Ha-su-oh sukryutang
- Baek-chul cold fish salad
- Rice with Ha-yeop

Gu-gi-ja crabmeat-kimchi roll,
Du-chung soft persimmon sauce

Gu-gi-ja (*Fructus Lycii*) crabmeat-kimchi roll, Du-chung (*Cortex Eucommiae*) soft persimmon sauce

두충홍시소스를 곁들인 구기자 게살김치말이 _ p.30

Ingredients

Ingredients for Gu-gi-ja crabmeat-kimchi roll

Crabmeat 30g	Enoki mushroom(trimmed) 3g
Gu-gi-ja(blanched) 1g	Green bell pepper(thinly sliced) 2g
Baek(white) kimchi(thinly sliced) 15g	Red bell pepper(thinly sliced) 2g
Sesame leaf 0.3Leaf	Radish sprout 1g

Ingredients for Du-chung soft persimmon sauce

Du-chung juice* 2mL	Mustard 0.5g
Soft persimmon 7g	Sesame seed(crushed) 0.1g

* Boil 100mL water with Du-chung 1g

How to cook

Directions for Gu-gi-ja crabmeat-kimchi roll

1. Put kimchi & sesame leaves, and arrange enoki mushroom, green/red bell pepper, radish sprout, and Gu-gi-ja.
2. Roll it up, and cut the roll into 2 to 3cm strips.

Directions for Du-chung soft persimmon sauce

Mix all ingredients then blend them.

Bok-ryung (*Sclerotium Poriae Cocos*) San-soo-yu (*Fructus Corni*) tomato sauce, naengmyeon (cold buckwheat noodles)
복령 산수유 토마토소스와 냉면 _ p.32

Ingredients

Ingredients for naengmyeon

Naengmyeon 50g	Bok-ryung 2g
San-soo-yu 2g	Pickled radich slices 5g

Ingredients for Bok-ryung & San-soo-yu tomato sauce

Apple(peeled and diced) 10g	Garlic(chopped) 3g
Onion(chopped) 3g	Tomato(peeled and diced) 150g
Salt 0.2g	Gu-gi-ja 1g
Bok-ryung & San-soo-yu juice* 20mL	Vinegar 1g

* Boil 100mL water with Bok-ryung 1g, San-soo-yu 1g

Bok-ryung San-soo-yu tomato sauce, naengmyeon

How to cook

Directions for naengmyeon

1. Make a herb bouquet with Bok-ryung 1g, San-soo-yu 1g.
2. Fill a pot with the herb bouquet and 1 liter of water per serving of naengmyeon (50g). And set it to boil.
3. When the water comes to a boil, add 1 tablespoon of coarse salt per liter of water.
4. When the water comes back to a rolling boil, add the naengmyeon and give it a good stir to separate the pieces.
5. Stir occasionally to keep the naengmyeon pieces from sticking to each other or the pot.
6. 2 or 3minutes later, fish out a piece of naengmyeon and check for doneness.
7. Rinse the naengmyeon with cold water about a minute, and drain well.

Directions Bok-ryung & San-soo-yu tomato sauce

1. Place tomato halves cut side up. In 2 (13 by 9-inch) pans.
2. Sprinkle with oil, salt, onion, garlic, and Gu-gi-ja.
3. Bake the tomatoes for 2hours. Check the tomatoes after 1hour and turn down the heat if they seem to be cooking too quickly. Then turn the oven to 400 degrees and bake another 30minutes.
4. Remove from the oven and process the tomatoes through a food mill on medium dye setting over a small saucepan. (Discard skins)
5. Add Bok-ryung & San-soo-yu juice, bring to a boil, reduce heat to low and cook for 5minutes.
6. Chill the tomato sauce quickly.

Put in bowl

1. Place the noodles in a large bowl.
2. Pour the tomato sauce over the noodles, and add pickled radish slices.

Stuffed cucumbers with
Gal-keun & Du-chung danchosmool

Stuffed cucumbers with Gal-keun (*Radix Puerariae*) & Du-chung (*Cortex Eucommiae*) danchosmool
(vinegar-sugar-salt-water)
갈근두충 단촛물과 오이선 _ p.34

Ingredients

Ingredients for stuffed cucumbers (Oiseon)
Cucumber* 20g
Lotus root** 10g
Beef(inside round)(sliced & marinated) 5g
Shitake mushroom(sliced & marinated) 2g
Egg*** 10g
Gugija(2ea)(soaked in water) 2g
Salt(for cucumber pickling) 0.5g
Vinegar(for lotus root blanching) 5mL

* 1. Wash well in cold water then rub the cucumbers with salt.
  2. Cut the cucumbers in half lengthwise.
  3. Slice 2cm length and leave 3 trenches in each.
  4. Marinade them in salty water(salt 0.5g, water 5mL) for 15minutes.
** Peeled, sliced and lightly blanched in vinegar-water and into a ice water.
*** 1. Separate egg yolks from the whites, lightly whip each, and fry separately until lightly browned.
   2. Slice into lengths narrow strips.

Ingredients for beef & shitake mushroom marinade
Soy sauce 0.5g   Plum extract 0.5g
Garlic(chopped) 0.2g   Leek(chopped) 0.3g
Pepper 0.1g   Sesame oil 0.1mL

Ingredients for danchosmool (vinegar-sugar-salt-water)
Gal-keun & Du-chung juice* 3mL   Lemon juice 3mL
Sugar(or honey) 3g   Salt 0.1g

* Boil 100mL water with Gal-keun 2g, Du-chung 1g

How to cook
Directions for stuffed cucumbers with Gal-keun and Du-chung danchosmool
1. Rinse the marinated cucumber then move them to paper towels and drain them.
2. Combine all ingredients of beef & shitake mushroom marinade in a small bowl and blend well.
3. Stuff trench of cucumber with meat, shitake mushroom, and egg yolk & white.
4. Mix all danchosmool (vinegar-sugar-salt-water) ingredients and bring to boil.
5. Put a stuffed cucumber on lotus root, then season with danchosmool.

Meg-moon-dong (*Radix Ophiopogonis*) dotorimuk (acorn jelly) noodles in Bok-ryung (*Sclerotium Poriae Cocos*) & Sang-yeop (*Folium Mori Albae*) stock

복령 상엽 육수와 맥문동 묵 국수 _ p.36

Ingredients

Ingredients for Meg-moon-dong dotorimuk noodles

Meg-moon-dong(rinsed, soaked in water) 2g
Acorn jelly(sliced/1.5×4.0×0.5cm) 70g
Kimchi(lightly rinsed and thinly sliced) 15g
Reduced-sodium soy sauce 3g
Sesame oil 1g
Seaweed(sliced/5×0.5cm) 2g
Salty sesame seed 1g

Ingredients for Bok-ryung & Sang-yeop stock

Bok-ryung 2g
Dried anchovy 5g
Dried shrimp 3g

Sang-yeop 1g
Dried kelp 1g
Water 200mL

Meg-moon-dong dotorimuk noodles in Bok-ryung & Sang-yeop stock

How to cook

Directions for Meg-moon-dong dotorimuk noodles in Bok-ryung & Sang-yeop stock

1. Place Bok-ryung, Sang-yeop, dried anchovy, dried kelp, dried shrimp, in 12-quart stockpot.
2. Set opened steamer basket directly on ingredients in pot and pour over water.
3. Cook on high heat until you begin to see bubbles breaking through the surface of the liquid. Turn heat down to medium low so that stock maintains low, gentle simmer.
4. Skim the scum from the stock with a spoon or fine mesh strainer every 10 to 15 minutes for the first hour of cooking. Simmer uncovered for 1 to 2 hours.
5. Strain stock through a fine mesh strainer into another stockpot or heatproof container discarding the solids.
6. Cool immediately in a large cooler of ice or a sink full of ice water.
7. Place in refrigerator overnight. Use as a base for soups and sauces.
8. Mix well the Bok-ryung & Sang-yeop stock with reduced-sodium soy sauce, sesame oil, sesame seed.
9. Marinade the sliced acorn jelly with reduced-sodium soy sauce, sesame oil, sesame seed.
10. Pour the Bok-ryung & Sang-yeop stock in a bowl, put the marinated acorn jelly.
11. Garnish with sliced kimchi and seaweed.

Gu-gi-ja honey flavored ginseng porridge

Gu-gi-ja (*Fructus Lycii*) honey flavored ginseng porridge

구기자 꿀 인삼죽 _ p.38

Ingredients

Ingredients for Gu-gi-ja honey flavored ginseng porridge

Gu-gi-ja* 4g	Ginseng(rinsed, trimmed) 10g
Germinated black rice* 10g	Germinated hulled rice* 5g
Glutinous millet* 5g	African millet* 2g
Pine nut 3g	Juk yeum(salt roasted in bamboo) 2g
Honey 20g	Water 300mL

* Soaked in water for 2hours

How to cook

Directions for Gu-gi-ja honey flavored ginseng porridge

1. Combine gu-gi-ja, ginseng and all cereals in a food processor.
2. Blend them in a blender to make fine powder.
3. Bring them to a stock pot, pour the water, and start to boil.
4. When the water boils, reduce the heat, and keep stirring occasionally until they get a little thicker.
5. Season with honey & juk-yeum, and garnish with pine nut and ginseng fine root.

Sang-yeop mandu casserole

Sang-yeop (*Folium Mori Albae*) mandu casserole

상엽만두전골 _ p.40

Ingredients

Ingredients for casserole

Shitake mushroom(sliced) 20g	Oyster mushroom(sliced) 20g
Pine mushroom(sliced) 20g	Button mushroom(sliced) 20g
Enoki mushroom(trimmed) 10g	Chicken fillet(sliced) 30g
Dropwort(sliced) 5g	Crown daisy(sliced) 5g
Onion(sliced) 20g	Leek(sliced) 10g
Red chili(sliced) 10g	Green chili(sliced) 10g
Water 300mL	

Ingredients for mandu skin

Flour, medium 65g	Water 35g
Sang-yeop powder 0.5g	Salt 0.1g
Salad oil 1g	

Ingredients for mandu stuffing

Chicken fillet(finely chopped) 60g   Tofu(crush it, then squeeze dry) 20g
Bean sprout* 30g   Egg yolk 10g
Leek(finely chopped) 1.5g   Garlic(finely chopped) 1g
Sesame oil 2g   Salt 1g
Pepper 0.5g   Pine nut 3g

* After blanching, squeeze and cut into them 2cm lengths

Ingredients for stock

Chicken 300g   Soy sauce 17g

How to cook

Directions for casserole

1. Put the marinated chicken & onion to the center of the casserole.
2. Arrange the vegetables on the casserole and put mandu on top.
3. Pour the chicken stock and bring to boil then simmer.
4. Skim off, then add soy sauce to taste.
5. Garnish with crown daisy and dropwort.

Directions for mandu skin

1. In a large bowl, combine all ingredients and mix well.
2. Roll the dough 1mm thin, then Cut out 7cm diameter circle from it (use a round shape mould).

Directions for mandu stuffing

In a large bowl, combine minced chicken, vegetables, tofu, egg yolk, salt, and pepper and mix well.

Making mandu

1. Place 1 skin on a flat surface.
2. Brush the edges of skin with a beaten egg or water.
3. Place about 1 teaspoon of filling mixture just above the center of skin.
4. Fold the skin in half over filling to form a triangle and press edges together to seal.
 tip Cover remaining skins with a slightly damp kitchen towel so they won't dry out.

Directions for stock

1. Heat 1 Tbsp of olive oil in a large stock pot. Add the chicken pieces to the pot.
2. Sautè until no longer pink, about 4 to 5 minutes.
3. Reduce heat to low, cover, and cook until the chicken releases its juices.
4. While the chicken pieces are cooking, fill a large tea kettle with 500mL of water, bring to a boil.
5. After the chicken pieces have been cooked, pour the boiled water into the stock pot, then raise the heat level to high.
6. When the stock starts to boil, return to a low simmer, then cover and barely simmer for about 20minutes.
7. Strain broth and discard solids, then add soy sauce to taste.

Shrimp & pine nut seasoned with Gu-gi-ja sauce

Shrimp & pine nut seasoned with Gu-gi-ja (*Fructus Lycii*) sauce

구기자소스를 곁들인 새우 잣무침 _ p.42

Ingredients

Ingredients for shrimp & pine nut

Tiger prawn* 50g

Cucumber** 20g

Sake 1mL

Bamboo shoot(poached and sliced) 10g

Salt 0.1g

White pepper 0.1g

* 1. Rinse with salty water, and devein them.
  2. Marinade with salt, sake, white pepper.
  3. Steam them in a steamer for 7~8minutes, and chill them.
  4. Peel them, and cut into half.

** 1. Discard the seed, and cut it half.
  2. Soaked in salty water for 10minutes, and drain them.

Ingredients for Gu-gi-ja sauce

Pine nut(trimmed) 5g

Condensed milk 2g

White pepper 0.1g

Gu-gi-ja juice* 10mL

Mustard 2g

Salt 0.1g

Sesame oil 1g

* Soak the Gu-gi-ja 2g in water for 30minutes and then boil that for 20minutes

How to cook

Directions for shrimp & pine nut seasoned with Gu-gi-ja sauce

1. Sear the cucumber and bamboo shoot.
2. Blend pine nut with condensed milk and Gu-gi-ja juice in a food processor to make sauce.
3. Season to taste with salt, pepper and sesame oil.
4. Combine all prepared ingredients(steamed shrimp, seared cucumber, seared bam- boo shoot) with the Gu-gi-ja sauce, mix well.

Gal-keun (*Radix Puerariae*) ddeok-kalbi
갈근 떡갈비스테이크 _ p.44

Ingredients

Ingredients for patty

Short rib(trim fat from meat, and mince it) 120g
Onion(slice into wide rings) 20g
Sesame seed 0.5g
Salt 0.5g

Spinach(or bokchoy)* 20g
Pine nut(finely chopped) 3g
Salad oil 1g

* After blanching, squeeze and cut into them 3cm lengths

Ingredients for marinade

Gal-keun juice(boil 100mL water with Gal-keun 2g) 6mL
Soy sauce 5g
Sugar 3g
Sesame oil 1g

Gal-keun ddeok-kalbi

How to cook

Directions for ddeok-kalbi

1. Whisk together all the marinade ingredients in a large baking dish.
2. Add minced short-ribs into the dish, knead and mix them gently for 10minutes.
3. Split the meat into two groups, and make them into hamburger shape (1cm thick).
4. Heat grill to high, and grill the meat until slightly charred and tender and cooked to desired degree of doneness.
5. Sprinkle the chopped pine nut on the grilled ddeok-kalbi.

Directions for garnish

1. Spinach (sautèed spinach)
   1) Rinse the spinach well in cold water to make sure it's clean. Spin it dry in a salad spinner, leaving just a little water clinging to the leaves.
   2) In a very large pot or dutch oven, heat the olive oil and all the spinach with the salt.
   3) Toss and stir with a wooden spoon, until all the spinach is wilted.
2. Onion (sautèed onion)
   1) Heat the olive oil in a medium skillet over medium high heat.
   2) Add the onions and saute until lightly golden brown.

Turmeric flavored, pan-broiled chicken

Turmeric (*Rhizmoma Curcumae Longae*) flavored, pan-broiled chicken

강황양념 약선 닭볶음 _ p.46

Ingredients

Ingredients for pan-broiled chicken

Chicken legs(skinless, diced) 80g

Shitake mushroom(soaked in water, cut into halves) 5g

Onion(diced) 5g

Sesame leaf(cut into quarters) 5g

Chest nut(peeled, cooked medium) 15g

Gingko nut(sautèed and peeled) 5g

Sesame seed 0.5g

San-jo-in 0.5g

Sugar 1g

Ingredients for Turmeric seasonings

Curry powder 1g

Chili powder 1g

Garlic(chopped) 2g

Ginger(chopped) 1g

Sesame oil 2mL

Red chili paste 7g

Soy sauce 6g

Sake 3mL

Black pepper 0.5g

How to cook

Directions for Turmeric flavored, pan-broiled chicken

1. Sprinkle the sugar over the chicken.
2. Combine all ingredients of Turmeric seasonings, and mix well.
3. Heat a pan over medium-high to high heat. Add chicken, turmeric seasonings, shitake mushroom, onion, and sesame leaf.
4. Stir-fry for a few minutes, then add chest nut, gingko nut. Stir-fry until the chest nut is cooked.
5. Put them into a dish, and sprinkle with sesame seed & San-jo-in on top.

Kul-myung-ja (*Semen Cassiae*) & Ha-su-oh (*Radix Polygoni Multiflori*) noodles in chilled black bean soup

결명자 하수오 콩밀면 _ p.48

Kul-myung-ja & Ha-su-oh noodles
in chilled black bean soup

Ingredients

Ingredients for Kul-myung-ja & Ha-su-oh noodles in chilled black bean soup

Flour, medium 20g	Potato flour 20g
Ha-su-oh powder 2g	salt 0.5g
Kul-myung-ja juice* 20mL	Black bean** 20g
Black sesame 3g	San-jo-in 2g
Walnut 2g	Pine nut 3g
Radish sprout 1g	

* Water 200mL, Kul-myung-ja 2g
** Soaked in water over night and peeled

How to cook

Directions for Kul-myung-ja & Ha-su-oh noodles in chilled black bean soup

1. Combine Hasuo powder and Kul-myung-ja juice in a large bowl and mix well, then add flour, potato flour, and salt. Knead by hand for 10~15minutes until the dough gets softer and sticks together firmly.
2. Put the dough into a plastic bag and keep it in the refrigerator for 30minutes.
3. Boil the black beans until cooked, and let them in a pan with lid for 5minutes.
4. Combine the cooked beans, 1cup of water, black sesame, San-jo-in, walnut and pine nut in a food processor.
5. Blend them in a blender to make soup.
6. Roll the dough and slice into 0.5cm thick. Boil water in a big pot, add the noodles and close the lid. Cook for a few minutes (around 3minutes). Chill them right away in ice water.
7. Put the cooked noodles into a bowl, pour the chilled black bean soup.
8. Garnish with radish sprout on top.

Herbal (San-soo-yu, San-jo-in, Peppermint) lettuce ssam

Herbal [San-soo-yu (*Fructus Corni*), San-jo-in (*Semen Ziziphi Spinosae*), Peppermint (*Herba Menthae Haplocalycis*)] lettuce ssam

약선 상추쌈(산수유 · 산조인 · 박하) _ p.50

Ingredients

Ingredients for Herbal lettuce ssam

San-soo-yu* 1g

Lettuce(rinsed and trimmed) 30g

Sweet corn(tinned)(drained) 5g

Red bell pepper(chopped) 1g

San-jo-in 0.1g

Potato** 50g

Green bell pepper(chopped) 1g

Black sesame seed 0.5

* Rinsed and soaked in water for 20minutes, then chopped

** Peeled and steamed, then crushed

Ingredients for ssam dipping sauce

Mint juice(peppermint 3g, water 50mL) 1mL

Red chili paste 3g

Lemon juice 0.5mL

Soybean paste 3g

Mayonnaise 2g

How to cook

Directions for Herbal lettuce ssam

1. Pass the steamed potato through the fine mesh of a food mill.
2. Place the potato, San-soo-yu, sweet corn, chopped bell peppers in a bowl, then mix well.
3. Divide the potato mixture in 25g each and roll each piece into a round shape.
4. Combine all ingredients of ssam dipping sauce (except lemon juice), and mix well.
5. Add a squeeze of lemon juice, just before serving.
6. Roll the lettuce, and sauce with ssamjang (ssam dipping sauce).
7. Put the potato-wanja (a round shape potato mixture) on the lettuce, and then garnish with black sesame seed and San-jo-in on potato-wanja.

Herbal [Red peony (*Radix Paeoniae Rubrae*), Baek-chul (*Rhizoma Atractylodes Macrocephalae*), Na-bok-ja (*Semen Raphani*), Pine needles (*Folium Pini*)] steamed tiger prawn

약선 대하찜(적작약 · 백출 · 나복자 · 솔잎) _ p.52

Herbal (Red peony, Baek-chul, Na-bok-ja, Pine needles)
steamed tiger prawn

Ingredients

Ingredients for Herbal steamed tiger prawn

Red peony(rinsed well) 1g	Baek-chul(rinsed well) 1g
Na-bok-ja(rinsed well) 1g	Pine needles(rinsed well) 2g
Tiger prawn 180g	Sesame oil 3g
Skewer 10ea	Leek(sliced) 15g
Garlic(sliced) 15g	

Ingredients for prawn marinade - seasoning

Salt 0.5g	Black pepper 0.1g
Refined rice wine 3mL	

Ingredients for garnish

Green chili(sliced/0.2×2cm) 10g
Red chili(sliced/0.2×2cm) 10g
Rocky ear mushroom(soaked in water, sliced) 1g
Egg* 20g

* For egg, the white of the egg and the yolk should be separated, lightly whip each, then fry separately until cooked. Slice into 2cm-lengths narrow strips.

How to cook

Directions for Herbal steamed tiger prawn

1. Red peony, Baek-chul and Na-bok-ja are filled into a small sachet, make a bouquet garni.
2. Peel out the skin of prawn (keep the head and tail), take away the internals, and make cuts in the fillet of prawn.
3. Season the prepared prawn with salt, pepper, and refined rice wine, and then thread 1 shrimp onto each skewer.
4. Put an herbal sachet, leek, and garlic in water in a steamer pot, place pine needles on steaming rack, and then lay down marinated prawns on the pine needles.
5. Steam the prawn until lightly cooked, grease sesame oil on the prawn.
6. Place a plate, put fresh pine needles on a plate, lay the prawn on the pine needle, garnish with chilis, rocky ear mushroom, and egg yolk & white strips on the prawn.

Steamed pumpkin stuffed with
Na-bok-ja & Ha-su-oh galbijjim

Steamed pumpkin stuffed with Na-bok-ja (*Semen Raphani*) & Ha-su-oh (*Radix Polygoni Multiflori*) galbijjim (braised short ribs)

나복자 하수오 단호박 갈비찜 _ p.54

Ingredients

Ingredients steamed pumpkin stuffed with Na-bok-ja & Ha-su-oh galbijjim

Short ribs, beef* 150g	Pumpkin** 400g
Chest nut(peeled) 15g	Carrot(peeled and diced) 10g
Jujube(trimmed) 5g	Gingko nut(peeled) 6g
Gu-gi-ja 2g	Balloon flower 10g
Water 100mL	

* 1. Soaked in cold water over night.
  2. Trim and make cuts in the short ribs.
  3. Blanch them in boiled Na-bok-ja & Ha-su-oh water with refined rice wine.
  4. Take out them from the water, and keep the stock for marinade.
** 1. Make a round hole on top of it.
   2. Discard the seeds from the center of it.

Water for blanching (marinade stock)

Na-bok-ja 5g	Ha-su-oh 5g
Water 1,000mL	Refined rice wine 2mL

Ingredients for short rib marinade

Soy sauce 10g	Pear(blended in food processor) 20g
Onion 7g	Refined rice wine 17mL
Garlic(chopped) 2g	Leek(chopped) 5g
Honey 3g	Turmeric(grounded) 0.7g
San-jo-in 0.7g	Sesame oil 1.5mL
Pepper 0.2g	Sesame seed 0.7g
Sugar 3g	

How to cook

Directions for steamed pumpkin stuffed with Na-bok-ja & Ha-su-oh galbijjim

1. Combine soy sauce, pear, onion, refined rice wine, leek, garlic, turmeric, honey, sesame oil, San-jo-in, sesame seed, ground pepper, and sugar in a food processor.
2. Blend them in a blender to make the meat marinade seasoning mix.
3. Marinade the blanched short ribs in marinades for 2hours. (at least 2hours, over night for the best taste)
4. Simmer the marinated short ribs for 20minutes, and add the chest nuts, carrot, jujube, and gingko nut.
5. When the sauce is reduced, stuff them into the pumpkin.
6. Steam the pumpkin for 30minutes until cooked.
7. Cut the pumpkin into 6pieces, and serve it.

Grilled chilean sea bass with Turmeric (*Rhizmoma Curcumae Longae*) sauce and garlic chips

마늘칩과 강황 메로구이 _ p.56

Grilled Chilean sea bass with
Turmeric sauce and garlic chips

Ingredients

Ingredients for grilled chilean sea bass

Chilean sea bass 100g	Salt 1g
Pepper 0.2g	

Ingredients for Turmeric sauce

Onion 30g	Whipped-cream 30g
Turmeric powder 0.5g	Salt 0.5g
Pepper 0.2g	

Ingredients for yogurt sauce

Plain yogurt 20g	Whipped-cream 20g
Lemon juice 6g	Starch syrup 9g

Ingredients for garlic chips

Garlic 30g	Salad oil 100mL

How to cook

Directions for grilled chilean sea bass with Turmeric sauce and garlic chips

1. Saute onion, then add turmeric powder until soft.
2. Simmer the onion and turmeric powder mix with whipped cream, then add salt and pepper.
3. Blend it then put it down on sieve to complete Turmeric sauce.
4. Mix all ingredients for yogurt sauce.
5. Slice garlic thinly and dip the slices in cold water for 1hour.
6. After drain them thoroughly, deep fry in 140℃.
7. Sprinkle salt and pepper over the chilean sea bass and grill it.
8. Pour Turmeric sauce on a plate and put the grilled chilean sea bass on it.
9. Spoon the yogurt sauce over the grilled chilean sea bass.

Fried salmon, tofu & avocado with Kuk-hwa sauce

Fried salmon, tofu & avocado with Kuk-hwa (*Flos Chrysanthemi Morifolii*) sauce

국화소스를 곁들인 3색 튀김 _ p.58

Ingredients

Ingredients for fried salmon, tofu & avocado

Salmon* 30g	Tofu** 20g
Avocado(peeled and diced) 70g	Micro greens 10g
Red chili 1g	Green chili 1g
Baby leek 1g	Glutinous rice flour 10g
Refined rice wine 2g	Salt 0.2g
Pepper 0.1g	Salad oil 250g

* Peeled, diced and marinade with refined rice wine, salt, and pepper

** Drain and cut it up manageable pieces

Ingredients for Kuk-hwa sauce

Kuk-hwa juice* 6mL	Cornstarch 0.2g
Soy sauce 12mL	Rice wine 2mL
Refined rice wine 2mL	Sesame oil 1mL
Vinegar 1.5mL	

* Soak the Kuk-hwa 2g in water 100mL for 30minutes and then boil that for 5minutes

How to cook

Directions for fried salmon, tofu & avocado with Kuk-hwa sauce

1. Stir the starch and Kuk-hwa juice well, then make starch-water.
2. Reduce the soy sauce with rice wine, refined rice wine, sesame oil, and vinegar.
3. Add starch-water in a boiling soy sauce mix, then stir well.
4. Dredge the salmon, tofu, and avocado in glutinous rice flour, then fry them until crispy.
5. Darin the fries on a rack.
6. Garnish with micro greens, baby leek, red & green chilies, and serve with Kuk-hwa sauce.

Stir-fried herbal chadolbaki

한방 차돌박이 떡볶음 _ p.60

Ingredients

Ingredients stir-fried herbal chadolbaki

Dduk* 50g	Chinese noodles(soaked in warm water) 10g
Chadolbaki** 100g	Onion(cut into small pieces/1×1cm) 20g
Carrot*** 10g	Leek(chopped) 2g
Green chili**** 2g	Red chili(sliced and soaked in cold water) 2g
Salad oil 2g	

* Soaked in warm water/a stick of rounded rice cake

** Fatty meats from the brisket of beef

*** Quarter-round shape sliced into 0.5cm thick

**** Sliced and soaked in cold water

Ingredients for seasoning sauce

Gu-gi-ja juice 20g	Soy sauce 10g
Sugar 6g	Garlic(finely chopped) 1.5g
Leek(finely chopped) 1.5g	Sesame oil 1g
San-jo-in 1g	Sesame seed(crushed) 1g
Black pepper 0.1g	

Stir-fried herbal chadolbaki

How to cook

Directions for stir-fried herbal chadolbaki

1. Heat the wok (or pan) over medium-high to high heat. Add 3tablespoons of oil. When the oil is ready, add the leek.
2. Stir-fry for 10~15seconds, then add carrot and onion. Stir-fry until the carrot is about 80percent cooked.
3. Combine all seasoning sauce ingredients, and mix well.
4. Add the chadolbaki, dduk, and seasoning sauce. Stir-fry for about 3minutes or until dduk is softened.
5. Add the noodles, stir-fry for a few minutes.
6. Remove from the heat and serve hot.

Gu-gi-ja soybean porridge

Gu-gi-ja (*Frucus Lycii*) soybean porridge

구기자 청태콩죽 _ p.62

Ingredients

Ingredients for Gu-gi-ja soybean porridge

Gu-gi-ja juice* 400mL   Soybean, dried(soaked in water for 6hours) 70g

Rice** 50g   Gingko nut(peeled) 30g

Pine nut(trimmed) 30g

* Soak the gu-gi-ja 10g in water 1,000mL for 30minutes and then boil that for 20minutes

** Rinsed and soaked in water for 1hour

How to cook

Directions for stir-fried herbal chadolbaki

1. Heat the wok (or pan) over medium-high to high heat. Add 3tablespoons of oil. When the oil is ready, add the leek.
2. Stir-fry for 10~15seconds, then add carrot and onion. Stir-fry until the carrot is about 80percent cooked.
3. Combine all seasoning sauce ingredients, and mix well.
4. Add the chadolbaki, dduk, and seasoning sauce. Stir-fry for about 3minutes or until dduk is softened.
5. Add the noodles, stir-fry for a few minutes.
6. Remove from the heat and serve hot.

Ha-ko-cho (*Spica Prunellae Vulgaris*) buckwheat pancakes

하고초 메밀전병 _ p.64

Ingredients

Ingredients for Ha-ko-cho buckwheat pancakes
Buckwheat flour 20g
Ha-ko-cho juice(Ha-ko-cho 1g, water 100mL) 50mL
Meg-moon-dong 3g
Kimchi(sliced) 15g
Pork(fillet)(sliced/4×0.3×0.3cm) 15g
Radish(sliced/4×0.3×0.3cm) 15g
Jujube(seedless and sliced) 1ea
Soy sauce 0.5mL
Sesame oil 1mL
Sesame seed 0.5g
Bean oil 2mL

Ha-ko-cho buckwheat pancakes

How to cook

Directions for Ha-ko-cho buckwheat pancakes

1. Combine flour and Ha-ko-cho juice. Beat well and set in a warm place for 30minutes.
2. Bake as you would pancakes on a frying pan, hot griddle pan or well seasoned skillet; turn once when you see tiny bubbles form around the edge. Cook for 1 or 2minutes each side or unti done.
3. Sautè kimchi and pork separately.
4. Season the sliced radish with soy sauce, and sautè them with sesame oil, and scatter sesame seeds.
5. Arrange kimchi, pork, jujube, and radish on the pancake, and roll it up.
6. Cut the rolled pancake into manageable bite size pieces, and arrange on a plate.

Warm imjasootang with Keum-eun-hwa & Hyung-gae

Warm imjasootang (Korean traditional soup) with Keum-eun-hwa (*Flos Lonicerae Japonicae*) & Hyung-gae (*Herba seu Flos Schizonepetae Tenuifoliae*)

금은화 형개 온 임자수탕 _ p.66

Ingredients

Ingredients for warm imjasootang with Keum-eun-hwa & Hyung-gae

Keum-eun-hwa(rinsed, for sachet) 1g	Hyung-gae(rinsed, for sachet) 1g
Chicken 100g	Water 1,400mL
Leek 12g	Garlic 12g
Ginger 5g	Sesame seed 10g
Beef(grounded, for meatball) 15g	Dropwort(panfried, for garnish) 7g
Egg 2g	Flour 5g
Olive oil 0.5mL	Red chili(diced, blanched) 6g
Salt	

Ingredients for beef marinade for meatball

Sugar 0.6g	Leek(finely chopped) 15g
Garlic(finely chopped) 0.4g	Sesame oil 0.4mL
Black pepper 0.05g	Sesame seed(crushed) 0.1g

How to cook

Directions for warm imjasootang with Keum-eun-hwa & Hyung-gae

1. Boil and cook the chicken in a stock pot [leek, garlic, ginger, sachet (Keum-eun-hwa & Hyung-gae), and water] and strain the stock through a strainer, then cool it down.
2. Ground roasted sesame with water and then put them into the cooled stock.
3. How to make meatballs: Mix the leek, garlic, salt, pepper, and sesame oil with the meat. Roll meat into about 3cm (1 ¼ inch) balls. Sprinkle flour over the balls and dip them into the stirred eggs.
4. Put a small amount of vegetable oil on a heated pan and fry the meatballs to taste.
5. Put chicken meat, vegetables, meatballs, mushrooms, and pan-fried egg strips onto the chicken sesame broth are arranged onto the chicken-sesame broth.

Balloon flower (*Radix Platycodi Grandifolii*) radish mandu

길경 무만두 _ p.68

Ingredients

Ingredients for Balloon flower radish mandu

Chicken(fillet)* 20g

Korean leek(chopped) 2g

Balloon flower root 2g

Salt 0.3g

Garlic(finely chopped) 1g

Sesame oil 1mL

Carrot 2g

Shitake mushroom 2g

Onion 2g

Egg yolk 3g

Black pepper pinch

Sugar 2g

* Trimmed and Seasoned with salt, pepper, ginger

Ingredients for radish marinade

White radish(thinly sliced) 30g

Water 50mL

Salt 2g

Ingredients for radish dipping

Soy sauce 2g

Vinegar 2mL

Sugar 1.5g

Water 1.7mL

Balloon flower radish mandu

How to cook

Directions for Balloon flower radish mandu

1. Put 2g of salt & 50mL of vinegar, on sliced radish and let stand for 15~20minutes.
2. Remove water from the salted radish using a cotton towel. (To make a radish mandu, the radish should be dried or salted, thereby reducing its moist)
3. Put the chicken, carrot, onion, and shitake mushroom in a container, and blend them roughly with a hand blender.
4. Combine and mix the grounded chicken mixture, korean leek, and egg yolk (leave some korean leek to tie mandu, put them in a microwave oven and cook them on full power for 20seconds).
5. Flour one side of the salted radish, and put some mandu mixture on a lightly floured side of the radish. Fold the radish, and tie up with korean leek.

Tumeric pork leek roll

Tumeric (*Rhizmoma Curcumae Longae*) pork leek roll

강황돼지고기 파채말이 _ p.70

Ingredients

Ingredients for Tumeric pork leek roll

Pork 20g

Onion* 5g

Leek* 2.5g

Apple(sliced) 5g

* Soaked in cold water, drained

Ingredients for pork marinade

Turmeric powder 0.3g

Garlic(finely chopped) 0.8g

Black pepper 0.1g

Soy sauce 0.8mL

Refined rice wine 4g

Ingredients for vegetable marinade

Salt 0.1g

Sugar 1g

Vinegar 1g

How to cook

Directions for Tumeric pork leek roll

1. Combine soy sauce, garlic, refined rice wine, black pepper, and turmeric powder, mix well.
2. Rub the pork with turmeric powder mixture, marinate them for at least 1hour.
3. Grill the marinated pork over hot coals. Baste with the basting fluid occasionally.
4. Make sure to put off leaping flames fueled by the dripping fat.
5. Combine all ingredients of vegetable marinade, and mix well.
6. Marinate the apple, leek, and onion with vegetable marinade.
7. Put the leek, onion, and apple on a grilled pork, roll up into a roll.
8. Skew the rolled pork, and place on a plate.

Oh-ga-py (*Cortex Acanthopanacis Gracilistylus Radicis*) Steak Salad

오가피 스테이크 샐러드 _ p.72

Oh-ga-py steak salad

Ingredients

Ingredients for Oh-ga-py steak salad

Fillet of beef 100g

Salt 0.5g

Lettuce(rinsed and drained) 20g

Black pepper 0.2g

Ingredients for Oh-ga-py-pineapple sauce

Pineapple(chopped) 40g

Salt 0.5g

Olive oil 10mL

Corn 20g

Mustard 0.1g

Black pepper 0.1g

Pineapple juice 20mL

Oh-ga-py powder 2g

How to cook

Directions for Oh-ga-py steak salad

1. Season the steak with salt & pepper.

2. Heat a frying pan-to moderate heat for fillet.

3. Cook for 1 ½ -2 ½ minutes on each side, cook the rounded edges too, turning to seal them well.

4. In a medium bowl, combine all ingredients of oh-ga-py-pineapple sauce; toss lightly to mix well.

5. Add the oh-ga-py-pineapple sauce to the pan, allow to foam a little and baste the steaks.

6. Arrange the steak and lettuce on a plate, then pour the sauce.

Apple salad with Bok-bun-ja wine sauce

Apple salad with Bok-bun-ja (*Fructus Rubi*) wine sauce

복분자 와인 사과 샐러드 _ p.74

Ingredients

Ingredients for apple salad
Apple* 20g
Cucumber(cut in half and thinly sliced) 20g
Micro greens(rinsed and drained) 20g

* Cut into quarters then cut each quarter into 5-6 evenly spaced slices

Ingredients for Bok-bun-ja wine reduction
Bok-bun-ja wine 15mL   Honey 2g
Lemon juice 3mL

How to cook

Directions for apple salad with Bok-bun-ja wine sauce
1. Bring Bok-bun-ja wine and honey to a boil in a large saucepan over medium heat. Reduce heat, and simmer until the liquid is reduced by 1/3. Pour lemon juice in the wine reduction.
2. Arrange all ingredients in a salad bowl, and pour Bok-bun-ja wine reduction on the salad or serve it separately.

Tuna salad with Hwang-keum sauce & Chi-ja tofu snack

Tuna salad with Hwang-keum (*Radix Scutellariae Baicalensis*) sauce & Chi-ja (*Fructus Gardeniae*) tofu snack

치자두부과자를 곁들인 황금 소스 참치 샐러드 _ p.76

Ingredients

Ingredients for tuna salad
Tuna 60g
Micro greens(soaked in cold water, and drained) 10g
Red onion(sliced) 10g
Lime(sliced) 5g
Black pepper 10g

Ingredients for Chi-ja tofu snack

Chi-ja powder 0.5g

Egg 5g

San-jo-in 1g

Salad oil 100g

Tofu(minced and drained) 30g

Glutinous rice flour 5g

Sugar 1g

Ingredients for Hwang-keum salsa (sauce)

Hwang-keum juice* 5mL

Sugar 6g

Japanese mustard 1g

Salt 0.2g

Olive oil 10mL

Mirin rice wine 6mL

Vinegar 8g

* Soak the Hwang-keum 3g in water 50mL for 30minutes and then boil that for 20minutes

How to cook

Directions for tuna salad

1. Defreeze the tuna in salty water (10g of salt, 400mL of water), remove water from the tuna using a cotton towel.
2. Season the tuna with salt and pepper.
3. Place the tuna on a preheated skillet and cook for 1~2minutes on each side, depending on thickness, and then remove it from the skillet (seared tuna is best when medium rare).
4. Slice the tuna, and place them on a plate.
5. Garnish with lime, micro greens, red onion, and fried-tofu on top of the tuna.
6. Combine all salsa ingredients, mix well.
7. Pour the Hwang-keum salsa on the dish.

Directions for Chi-ja tofu snack

1. Combine egg, glutinous rice flour, San-jo-in, sugar, and the minced tofu.
2. Cut the tofu into 1-inch cubes and season with salt and pepper.
3. Roll the mixture on a lightly floured surface, and cut them in a manageable size.
4. In a medium skillet, heat 2tablespoons of oil over medium-high heat. Add half the tofu (don't overcrowd the pan) and cook, turning once, until golden on both sides, about 4minutes.
5. Drain on a paper-towel-lined plate. Repeat with more oil and remaining tofu.

Baek-chul seafood pajeon

Baek-chul (*Rhizoma Atractylodes Macrocephalae*) seafood pajeon (scallion pancake)

백출 해물파전 _ p.78

Ingredients

Ingredients for Baek-chul seafood pajeon

Glutinous rice flour 10g	Rice flour 20g
Scallion* 30g	Water dropwort* 5g
Beef(chopped) 10g	Egg 15g
Shellfish meat** 10g	Mussel meat** 10g
Oyster** 15g	Shrimp fillet** 15g
Sesame oil 1g	Salad oil 5g
Salt 1g	

* Cut into 4cm lengths

** Rinsed and drained

Ingredients for beef marinade

Salt 0.2g	Sugar 0.3g
Sesame oil 0.2g	Pepper 0.05g

Ingredients for Baek-chul juice (30mL)

Baek-chul 2g	Sea tangle 1g
Water 200mL	

How to cook

Directions for Baek-chul seafood pajeon

1. Combine all ingredients of Baek-chul juice in a pot, heat & reduce it by half.
2. Stir the flour, Baek-chul juice and salt until just mixed.
3. Heat a thin layer of vegetable oil in a 9 or 10-inch (23~26cm) skillet, preferably non-stick, until hot. Fry the scallions until they're completely cooked through and soft.
4. Add shellfish, mussel, oyster, and shrimp, then toss a few times to heat them through.
5. Pour the pancake batter over the scallions (and other stuff in the pan), spread the batter, and cook a few minutes until the bottom becomes nice and brown. Lift the edge to peek.
6. Pour the beaten egg on top then swirl the pan to even out the egg a bit, still keeping it pretty uneven. Cook until the egg is just beginning to firm near the edges.
7. Using a wide spatula, flip the pancake and cook for another minute or two until the egg is set and preferably crispy at the edges.

Ha-yeop (*Folium Nelumbinis Nuciferae*), Kuk-hwa (*Flos Chrysanthemi Morifolii*) & San-sa (*Fructus Crataegi*) gujeolpan (Korean royal court cuisine; nine-sectioned plate)

하엽 국화 산사 밀전병 구절판 _ p.80

Ha-yeop, Kuk-hwa & San-sa gujeolpan

Ingredients

Ingredients for eight dishes

Beef 15g	Shitake mushroom 7g
Wood ear mushroom 3g	Egg 10g
Carrot 7g	Cucumber 10g
Bean sprout 10g	Pine nut 3g
Salt 1g	

Ingredients for beef marinade

Soy sauce 1g	Sugar 0.5g
Sesame oil 0.2g	Leek(finely chopped) 0.5g
Garlic(finely chopped) 0.5g	

Ingredients for shitake mushroom marinade

Soy sauce 0.3g	Sugar 0.3g
Sesame oil 0.1g	

Ingredients for wood ear mushroom marinade

Salt 0.1g	Sesame oil 0.3g

Ingredients for bean sprout marinade

Salt 0.3g	Sesame oil 0.3g

Ingredients for grilled wheat cakes

Ha-yeop juice* 10g	Kuk-hwa juice** 10g
San-sa juice*** 10g	Flour 15g
Salt 1g	Cooking oil 0.5g

* Soak the ha-yeop 2g in water for 30minutes and then boil that for 20minutes

** Soak the kuk-hwa 2g in water 100mL for 30minutes and then boil that for 5minutes

*** Soak the san-sa 2g in water for 30minutes and then boil that for 20minutes

Ingredients for mustard soy sauce with vinegar

Mustard 2g	Pear juice 10g
Sugar 0.2g	Vinegar 2g

How to cook

Directions for for Ha-yeo, Kuk-hw & San-sa gujeolpan

1. Shitake Mushroom : Mix marinade for Shitakes by whipping ingredients together with a whisk. Let stand while slicing mushrooms. Thinly slice the Shitakes from top to bottom, then place into marinade. Let stand for fifteen minutes. Place marinated Shitake slices into a hot pan with a small amount of sesame oil and briefly stir fry (two to three minutes). Remove from heat and let cool.

2. Meat : Combine all ingredients of beef marinade. Mix marinade for meat by whipping ingredients together with a whisk. Let stand while slicing meat. Partially freeze the meat (just until very firm) then thin slice (about 1/8inch slices). Cut each slice into thin strips of about 1/8inch wide and about 1 $\frac{1}{2}$ inch long. Place meat in marinade and let stand for 1hour. Place marinated meat into a hot pan and lightly stir fry until just browned. Remove from heat and let cool.

3. Wood ear mushrooms : Separate and slice wood ear mushrooms then place in a hot pan with a small amount of sesame oil and stir fry for one minute. Set aside and let cool.

4. Eggs : Separate yolks from whites. Combine yolks and whip together. Pour into a hot oiled pan in a thin layer (tilt pan back and forth to cover bottom of pan). Cook over medium heat until the top is just firm, but the bottom is not browned, flip and cook for 15 to twenty seconds. Remove from heat and let cool. Cut into thin strips about 1/8inch wide by 1 $\frac{1}{2}$ inch long. Repeat with egg whites.

5. Carrot : Cut carrot into 4cm sections, then slice each section lengthwise into 0.2cm thick slices. Cut each slice into thin strips about 0.2cm thick. Place carrot strips into a hot pan with a small amount of sesame oil and stir fry for two to three minutes, until tender-crisp. Set aside and let cool.

6. Cucumber : Cut cucumber in half lengthwise, then use a small spoon and remove   the seed/pulp down to within 1/4 of the peel. Slice each half into lengths thin strips about 0.2cm wide by 0.2cm thick. Cut the strips into 4cm long. Place cucumber strips into a hot pan with a small amount of sesame oil, sprinkle very lightly with salt, and stir fry for one to two minutes. Set aside and let cool.

7. Bean sprout : Combine all bean sprout ingredients, and mix well. Place bean sprouts into a hot pan with a small amount of sesame oil, sprinkle very lightly with salt, and stir fry for one to two minutes. Set aside and let cool.

8. Combine flour, salt, ha-yeop, kuk-hwa, san-sa juices and mix into a very thin batter.

9. Lightly oil a small pan and heat over medium high heat. Spoon in just enough batter to make a very thin crepe like wrapper about 5~6cm in diameter.

10. Cook until the top just begins to firm and the bottom is very lightly browned, then flip and cook until very lightly browned (about 20seconds). Repeat until batter is used up.

11. Place wraps in the center of a large serving plate and arrange the eight filling ingredients around the wrappers. Place Sauce containers to either side of the serving plate. Mix each sauce separately, and place in dipping containers. Arrange and Serve.

Ha-yeop (*Folium Nelumbinis Nuciferae*), Ha-su-oh (*Radix Polygoni Multiflori*) Chogyetang (Korean royal court chicken soup)

하엽 하수오 초계탕 _ p.82

Ha-yeop, Ha-su-oh Chogyetang

Ingredients

Ingredients for Ha-yeop, Ha-su-oh chogyetang

Ha-yeop(rinsed) 1g
Chicken(fillet) 150g
Carrot(sliced) 3g
Ginseng(sliced) 10g
Pine nut 3g
Salt 0.2g

Ha-su-oh(rinsed) 2g
Egg(boiled, cut by half) 25g
Cucumber(sliced) 15g
Pear(sliced) 30g
Ginger(sliced) 5g
Pepper 0.1g

Ingredients for chicken cold soup

Herbal chicken stock(chilled) 100mL
Sugar 5g
Persimmon vinegar 25g
Pepper 0.1g

Sesame seed(shell-less) 10g
Honey 5g
Salt 0.2g

How to cook

Directions for Ha-yeop, Ha-su-oh chogyetang

1. Prepare a sachet, put ha-yeop, hasuo in the sachet.
2. Poach chicken fillet with herbal sachet, ginseng. Tear chicken fillet to pieces, then season salt & pepper to taste. Keep the stock for chicken cold soup.
3. Arrange all prepared ingredients (chicken, carrot, cucumber, ginseng, pear and egg) in a bowl.
4. Combine all ingredients of cold chicken soup and herbal chicken stock in a food processor. Blend them in a blender to make soup.
5. Pour cold chicken soup, then float pine nut on the surface.

Ha-su-oh sukryutang

Ha-su-oh (*Radix Polygoni Multiflori*) sukryutang
(pomegranate shape mandu soup)

하수오 석류탕 _ p.84

Ingredients

Ingredients for Ha-su-oh sukryutang

Beef* 10g

Radish** 10g

Water dropwort*** 6g

Tofu 6g

Egg 10g

Chicken* 10g

Bean sprout*** 10g

Shitake mushroom 10g

Pine nut 1g

* Finely chopped and marinated

** Sliced and blanched

*** Sliced and blanched

Ingredients for mandu skin

Flour 30g

Water 7mL

Salt 0.2g

Ingredients for ha-su-oh-beef stock

Ha-su-oh 5g

Water 300mL

Salt 1g

Beef brisket 20g

Korean soy sauce(soy sauce for soup) 3g

Ingredients for marinade

Salt 0.2g

Garlic 1.5g

Salty sesame seed(crushed) 0.2g

Soy sauce 0.2g

Leek 1.5g

Sesame oil 0.2g

Pepper 0.05g

How to cook

Directions for Ha-su-oh sukryutang

1. Filling : wrap the tofu in cheesecloth or a clean kitchen towel. Squeeze out the excess water. Crumble the tofu into a mixing bowl. Add the rest of the ingredients. Combine everything using a large spatula until all ingredients are thoroughly combined together. At this point, the mandu mixture may be covered and refrigerated until ready to fill the dumplings.
2. Mandu skin : stir together the flour, salt and water to make dough. And let the dough rise in a room temperature with a cover for about 45minutes to an hour. Roll the dough on a floured surface, cut out the dough round shape.
3. Place one heaping teaspoonful of the filling on a mandu skin. Wet the edges of the wrapper with water and seal tightly (pushing the air out with your fingers) into a pomegranate shape. Push a pine nut on top of it.

4. Thin egg yolk & white strips : heat up a non-stick pan. Let it get really hot. Add a few drops of vegetable oil, and wipe off the excess hot oil with a paper towel. Turn the heat off. Pour the egg yolk mixture above into the pan and spread it thinly. When it's cooked about 70%, turn it over and let it sit on the pan to cook the other side. Slice it thinly and set it aside. Repeat the process with egg white.

5. Combine all ingredients of hasuo-beef stock in a pot, heat & reduce it by half.

6. Remove the hasuo, beef brisket, then add salt, fish stock and garlic to taste.

7. In a pot, place hasuo-beef stock and boil it all over medium.

8. Add mandu and cover the lid. When mandu cooks properly, it floats to the surface.

9. Garnish egg strips on it.

Baek-chul cold fish salad

Baek-chul (*Rhizoma Atractylodes Macrocephalae*) cold fish salad

백출 하고초 어채 _ p.86

Ingredients

Ingredients for Baek-chul cold fish salad

Croaker fillet 50g	Red chili* 6g
Cucumber* 30g	Shitake mushroom* 15g
Rock mushroom** 1g	Egg 10g
Starch 30g	Pine nut 2g

* Sliced/4×1×0.5cm

** Soaked in warm water, trimmed

Ingredients for dipping; Red chili-pepper paste with vinegar

Baek-chul & Ha-ko-cho juice* 3mL	Chili-pepper paste 3g
Vinegar 1g	Sugar 1g
Ginger juice 0.2g	Lemon juice 1g

* Soak the Baek-chul 2g and Ha-ko-cho 2g in water for 30minutes and then boil that for 20minutes

How to cook

Directions for Baek-chul cold fish salad

1. Use a very sharp knife to slice the fish along the grain in a motion downward and toward you. Cut fish into thin, bite-sized slices about 0.7cm thick and 6cm long.
2. Making thin egg yolk & white strips : Heat up a non-stick pan. Let it get really hot. Add a few drops of vegetable oil, and wipe off the excess hot oil with a paper towel. Turn the heat off. Pour the egg yolk mixture above into the pan and spread it thinly. When it's cooked about 70%, turn it over and let it sit on the pan to cook the other side. Slice it thinly and set it aside. Repeat the process with egg white.
3. Coat fish, red chili, cucumber, shitake mushroom and rock mushroom in starch.
4. Blanch the starch coated ingredients.
5. Repeat the process 2~3 times.
6. Arrange cooked fish, red chili, cucumber, shitake mushroom and rock mushroom on a plate. Garnish with pine nut.
7. Combine all ingredients of dipping sauce (red chili-pepper paste with vinegar), mix well.
8. Serve with red chili-pepper paste with vinegar.

Rice with Ha-yeop (*Folium Nelumbinis Nuciferae*)
하엽밥 _ p.88

Ingredients

Ingredients for rice with Ha-yeop

Glutinous rice* 70g

Yeon-ja-yook(rinsed) 5g

Mung bean*** 5g

Kidney bean*** 5g

Glutinous foxtail millet*** 3g

Ha-yeop(rinsed) 10g

Lotus root** 5g

adzuki beans*** 5g

Millet*** 5g

Lotus leaf(rinsed and drained) 3Leaves

* Rinsed and soaked in water for 1hour

** Rinsed, peeled and diced

*** Rinsed and soaked in water for 2hours

How to cook

Directions for rice with Ha-yeop

1. Place a lotus leaf on a clean working surface. Place one heaping Tbsp. of the filling on the lotus leaf (if using large leaf, you will need more).

   tip Spread the filling lengthwise along the leaf nearer the end closest to you.

2. Fold the left and right sides of leaf over filling, then lift up the wide end nearest you and tuck overtop. Roll to the other end.

3. To steam rolled rice with ha-yeop, prepare a steamer over high heat. When bubbles rise, arrange rolled rice with ha-yeop in the steamer and steam them for 20~25minutes.

4. Serve rice with Ha-yeop while still hot.

Rice with Ha-yeop

부 록

대사증후군에 이용 가능한 약재 모음

식품 공전에 등재된 사용 가능 원료(주재료로 사용 가능) 40종

식품 공전에 등재된 제한적 사용 원료(부재료로 사용 가능) 30종

식품 공전에 등재되지 않은 식용 가능 원료 9종

감초 甘草, *Radix Glycyrrhizae*

약성 甘, 平

귀경 脾, 胃, 心, 肺經

한의학적 효능

1. 비위기능의 허약으로 기운이 없고 몸이 나른한 사지무력, 식욕부진, 묽은 변에 유효함
2. 심장의 혈기 부족으로 맥박이 고르지 않고 가슴이 뛰는 증상에 사용함
3. 정신을 안정시켜 히스테리를 다스림
4. 폐에 작용하여 진해, 거담의 효과를 보임
5. 위장의 경련과 동통을 그치게 함
6. 약과 약을 조화시키며 독극성 물질의 해독작용이 있음

약리작용

부신피질 자극작용 / 항염증작용 / 항궤양작용 / 자궁근 등의 평활근 경련 풀어 줌 / 진해, 거담작용 / 진통작용 / 항균작용 / 혈당 강하작용 / 면역기능 항진작용 등

용량 2g 이하

주의사항 장기간 많은 양을 복용하면 전신부종 및 혈압상승, 사지무력증이 나타남

검인 가시연꽃, *Semen Euryales*

약성 甘, 平

귀경 脾, 腎經

한의학적 효능

1. 비기능의 허약으로 인한 설사에 장관을 수축시켜 설사를 멈추게 함
2. 신기능의 허약으로 인해 남자는 정액이 저절로 흘러나오고, 여자는 백대하가 많아지는 증상에 유효함
3. 사지와 관절이 무겁고 마비감이 있거나 붓고 아프면서 소변을 잘 못 보는 증상에도 유효함

약리작용

수명 연장작용 / 소장에서 흡수능력을 향상시킴

용량 9~15g

주의사항 혈뇨가 배출되고 변비가 있는 자 및 소화불량, 산후에는 모두 금함

결명자 決明子, *Semen Cassiae*

약성 苦甘, 微寒

귀경 肝, 大腸經

한의학적 효능

1. 간화(肝火)를 내리므로 눈이 충혈되고 붓고 아프며 햇빛을 꺼리고 눈물이 나는 증상에 유효함
2. 야맹증, 시신경 위축 등에도 유효함
3. 열이 대장에 쌓여서 일어난 변비에 차로 달여서 복용함
4. 혈압을 내리고 콜레스테롤치를 낮추므로 동맥경화 예방에 효력이 있음

약리작용

혈압 강하작용 / 이뇨, 배변작용 / 자궁 수축작용 / 피부진균 억제작용 / 콜레스테롤 강하로 죽상동맥경화 형성 억제작용 등

용량 10~15g

주의사항 묽은 변, 소화기가 찬 사람, 저혈압에는 피하는 것이 좋음

계지 桂枝, *Ramulus Cinnamomi Cassiae*

약성 辛甘, 溫

귀경 心, 肺, 膀胱經

한의학적 효능

1. 감기 초기에 땀을 내어 피부를 풀어 줌
2. 견배통(肩背痛), 사지관절의 동통을 완화시킴

약리작용

진정작용 / 항경련작용 / 진통작용 / 해열작용 / 소염, 항알레르기작용

용량 3~10g

주의사항 임산부, 월경 과다자에게는 복용을 삼가는 것이 좋음

계피 桂皮, *Cortex Cinnamomi*

약성 辛, 熱

귀경 心, 肺, 膀胱經

한의학적 효능

1. 혈액순환을 촉진시켜 흉복부의 냉증을 제거하므로 식욕증진, 소화 촉진작용을 나타냄
2. 위장의 경련성 통증을 억제하고 위장관의 운동을 촉진해 가스를 배출하고 흡수를 좋게 하기도 함
3. 장내의 이상발효를 억제하는 방부효과가 있음
4. 풍습(風濕)으로 인한 사지마비에 활용됨

약리작용

개선균 억제작용 / 백색염주균병 억제작용 / 건위작용 / 타액 및 위액분비 촉진작용

용량 1~5g

주의사항 임산부 및 출혈이 있는 자는 신중히 사용함

구기자 枸杞子, *Fructus Lycii*

약성 甘, 平

귀경 肝, 腎, 肺經

한의학적 효능

1. 간신음허(肝腎陰虛)로 인하여 어지럽고 허리와 무릎에 힘이 없으며 물체가 흐릿하게 보이는 증상을 다스림
2. 간신(肝腎)의 기능 부족으로 음혈(陰血)이 허약해져서 얼굴빛이 황색이 되고 머리털이 일찍 희어지며 밤에 잠을 못 이루는 증상에 쓰임
3. 폐기능 허약으로 인한 오랜 해수에 사용함

약리작용

비특이성 면역 증강작용 / 조혈기능 촉진작용 / 항지방간작용 / 혈압, 혈당 강하작용 / 암세포 억제작용 등

용량 4~15g

주의사항 변이 묽은 사람은 피함

국화 菊花, 감국, *Flos Chrysanthemi Morifolii*

약성 苦甘, 微寒

귀경 肺, 肝經

한의학적 효능

1. 외감성으로 인한 오한, 열, 두통, 머리가 어지러운 증상을 개선시킴
2. 신경을 지나치게 써서 일어나는 고혈압으로 머리가 팽창되는 듯이 아픈 증상에 효과가 있음
3. 간기능을 활성화시키므로 눈이 충혈되고 아픈 증상을 해소시킴
4. 열독(熱毒)을 제거하므로 피부가 헐어 생긴 발진에 유효함
5. 위열(胃熱)을 제거하므로 복통, 위산과다 및 찬 음료를 즐기며 소화가 잘 안 되고, 입 안에서 냄새가 나는 것을 치료함

약리작용

관상동맥 확장작용 / 혈류 촉진작용 / 혈청지질 강하작용 / 항균작용 / 콜레스테롤 강하로 죽상동맥경화 형성 억제작용 등

용량 10~15g

주의사항 기운이 없고 변이 묽으면 복용하지 않음

길경 桔梗, 도라지, *Radix Platycodi Grandifolii*

약성 苦辛, 平

귀경 肺經

한의학적 효능

1. 해수와 가래가 많고 호흡이 불편한 증상에 널리 활용되고 감기로 인한 코 막힘, 오슬오슬 춥고 두통이 있는 것을 제거시킴
2. 인후 질환을 다스리므로 편도선염, 인후염에 감초(甘草)와 같이 활용함
3. 농(膿)을 배출시키는 배농작용이 있어 폐결핵의 농양, 해수, 각혈 및 가래가 노랗고 썩어 비린내가 나는 증상, 급만성기관지염, 인후염에 현저한 반응을 보임

약리작용

폐농양에 좋은 효과 / 항염작용 / 진해작용 / 면역기능 항진작용 / 항궤양작용 / 진정, 진통, 해열작용 / 혈당 강하작용 / 항암작용 등

용량 3~10g

주의사항 구토에 객혈이 있는 사람은 복용을 금하며, 돼지고기와 함께 먹는 것을 피하고 용담초와 백급과 같이 섞으면 안 됨

내복자 萊菔子, 나복자, *Semen Raphani*

약성 辛甘, 平

귀경 脾, 胃, 肺經

한의학적 효능

1. 음식을 잘 소화시키고 체한 것을 내려가게 하는 효능이 있어서 복부창만, 트림, 위산과다, 설사, 변비 등에 사용함
2. 기운을 내리고 가래를 삭히므로 소화장애를 겸한 해수, 천식에 효과가 있음

약리작용

포도상구균 등의 억제작용 / 피부진균 억제작용 / 혈압 강하작용 / 항염증작용 등

용량 6~12g

주의사항 노인성 변비에 30~40g을 볶아 물에 타서 복용하면 효험이 있음

녹차 綠茶, *Folium Camelliae Sinensis*

약성 甘苦, 微寒

귀경 心, 胃, 腎經

한의학적 효능

1. 서늘한 약성은 두통과 정신이 혼몽한 것을 치료하며 가슴에 번열이 나고 갈증이 있는 것을 풀어 줌
2. 위장의 소화력을 높여 주고 간기능을 활성화시킴
3. 이뇨작용이 현저하고 알코올 해독작용을 하며 약물 중독에도 쓰임
4. 각성작용이 탁월하여 잠이 많은 증상에 효력이 있음

약리작용

피로회복작용 / 심장 흥분, 관상동맥혈관 확장, 말초혈관 확장 / 기관지 천식 / 이뇨작용 / 균 억제작용 / 수렴작용

용량 6~12g

주의사항 소화기가 허하고 속이 찬 사람 및 공복에는 피하는 것이 좋음

당귀 當歸, *Radix Angelicae Sinensis*

__약성__ 甘辛, 微溫

__귀경__ 肝, 心, 脾經

한의학적 효능

1. 모든 빈혈에 보혈 조혈작용을 나타낸다. 빈혈로 안색이 노랗고 두현, 심계항진, 건망, 사지무력증을 개선시킴
2. 월경불순, 생리통, 생리폐색에 효과가 있음
3. 여자의 생리조절작용이 뛰어나고 산전, 산후질환에 통용됨
4. 혈액대사를 촉진시키므로 어혈과 혈액순환장애로 인한 마비 증상을 풀어 주고 통증도 완화시킴
5. 부기를 빼주고 피부가 혈허해서 생긴 발진을 다스리므로 외과에도 활용됨
6. 혈허로 인해 나타난 두통에 쓰임
7. 변비에 유효함

약리작용

자궁흥분 억제작용 조절 / 관상동맥의 혈류량 촉진 / 적혈구 생성 / 항염증, 진통작용

__용량__ 6~20g

__주의사항__ 발열 출혈과 대변이 묽으면 복용치 않음

대추 大棗, *Fructus Jujubae*

약성 甘, 溫

귀경 脾, 胃經

한의학적 효능

1. 비위(脾胃)기능 허약으로 피곤을 많이 느끼면서 기운이 없고 식욕이 줄며 변을 묽게 보는 증상에 유효함
2. 혈허(血虛)로 인하여 신체에 영양을 고르게 공급하지 못해서 나타나는 얼굴의 황색증, 입술이 건조하고 피부가 마르며 어지럽고 눈 앞에서 꽃이나 별과 같은 헛것이 보이는 증상에 활용함
3. 정신 황홀, 불면, 신경과민, 히스테리, 갱년기장애 등과 같은 증상에 정신 안정효과가 있음
4. 완화작용이 있어서 독성을 감소시킴

약리작용

항알레르기작용 / 항암작용 / 진해, 거담작용 / 항산화작용

용량 10~20g(3~12개)

주의사항 습으로 인한 복부창만과 소화가 잘 되지 않는 사람은 복용을 금함

도인 桃仁, *Semen Persicae*

약성 甘苦, 平

귀경 心, 肝, 肺, 大腸經

한의학적 효능

1. 혈액 순환을 원활하게 하여 어혈(瘀血)을 풀어 주는 효능이 있어 어혈증 치료에 용이함
2. 통증, 산후복통, 적체, 타박상, 폐와 장이 울체된 것 등에 사용됨
3. 폐농양, 맹장염에도 적용됨
4. 혈액을 보양하고 건조한 것을 막아 주고 장을 윤활하게 하여 통변에도 효능이 있음
5. 혈열(血熱)로 인한 피부 가려움증에도 효험이 있음

약리작용

혈류량 증가 / 자궁 수축 및 자궁 지혈작용 / 배변 용이 / 항염증 / 진해 / 진통작용

용량 6~12g

주의사항 임신기, 수유기에는 복용을 피함

두충 杜冲, 두충엽, *Cortex Eucommiae*

약성 甘, 溫

귀경 肝, 腎經

한의학적 효능

1. 허리 아픈 데, 무릎이 시리고 연약해지는 증상 등에 근육의 탄력을 강화시키면서 골질(骨質)형성을 촉진시킴

2. 간신의 기능을 강화시켜 몸이 차서 나타나는 하복부 냉감, 소변을 자주 보는 증상에 사용하고 방광의 수축력을 높임

3. 임신 중의 태동불안, 자궁출혈 또는 유산을 방지하는 데 유효함

4. 어린이 성장을 촉진시킴

5. 이뇨작용이 있어 비만 치료에 효과가 있음

약리작용

혈압강하 / 항노화 / 혈청콜레스테롤치 강하 / 항염증 / 진정, 진통 / 골다공증에 유효

용량 8~12g

주의사항 현삼과는 같이 복용하지 않으며 정력이 약한 사람에게서 열이 왕성한 증상이 나타날 때 금함

박하 薄荷, *Herba Menthae Haplocalycis*

약성 辛, 凉

귀경 肺, 肝經

한의학적 효능

1. 풍열을 발산하여 흩어주는 작용을 하므로 외감성으로 인한 감기로 열이 나고 두통과 땀이 안 나는 증상을 다스림

2. 신체의 상부에 작용하므로 두통과 눈의 충혈을 제거하며, 인후염, 편도선염에도 길경(桔梗), 형개(荊芥)와 배합해서 사용함

3. 발산작용이 강하여 홍역 초기에 반진이 솟지 않을 때 및 피부 가려움증에도 쓰임

약리작용

모세혈관 확장작용 / 중추신경 계통의 흥분작용 / 자궁 수축 증가작용

용량 3~10g

주의사항 몸이 약하고 땀이 많이 나는 사람 및 수유기 여성의 복용을 금함. 달이는 시간은 20분 내, 마지막에 넣음

백편두 白扁豆, 제비콩, 까치콩, *Semen Lablab album*

약성 甘淡, 平

귀경 脾, 胃經

한의학적 효능

여름철에 건위, 소화, 감기 치료와 더위를 잊게 하므로 여름에 비위 허약으로 음식 감소, 묽은 변, 백대하, 감기, 구토, 설사, 번조, 갈증, 가슴 답답증을 해소시킴

약리작용

항균작용 / 혈액응고 억제작용 / 림프구 분열촉진

용량 10~15g

주의사항 많이 복용하면 기운이 정체되므로 기가 체하여 배가 더부룩한 사람이나 학질이 있는 사람에게 식용으로 하는 것은 좋지 않음

복분자 覆盆子, *Fructus Rubi*

약성 甘酸, 微溫

귀경 肝, 辛, 膀胱經

한의학적 효능

1. 간, 신장으로 들어가 신장과 정액을 보하고 뇨를 농축시키는(補腎固精縮尿) 효능이 있음
2. 주로 신장으로 들어가 신장을 따뜻하게 하며 양기를 도와 신허로 인한 정을 치밀하게 하는 작용을 하며 빈뇨, 불임증에 효과가 있음
3. 간기능을 활성화시켜 시력을 증강시키고 기운이 나게 함
4. 흰머리를 검게 함

약리작용

항균작용 / 에스트로겐 유사작용

용량 8~16g

주의사항 소변이 막혀 배뇨 시 통증이 있는 사람에게는 신중히 사용함

산약 山藥, *Rhizoma Dioscoreae*

약성 甘, 平

귀경 脾, 肺, 腎經

한의학적 효능

1. 비기(脾氣)를 보해 주고, 비(脾)기능 허약으로 인한 권태감과 무력감, 음식감소, 설사를 다스림
2. 폐기(肺氣)와 폐음(肺陰) 부족으로 인한 허약증 및 해수, 천식, 점도가 높은 가래가 있는 증상에 효과가 있음
3. 아미노산 중 아르기닌(arginine) 성분은 자연보습인자로 피부를 촉촉하게 함
4. 밀기울에 초하면 비위기능을 보하는 효능이 높아지고 약재가 고르게 열을 받아 약의 성상이 개선되며 인지질의 함량이 더 높아짐

약리작용

혈당 강하작용 / 항노화작용 / 항산화작용 / 면역 증강작용

용량 8~24g

주의사항 습이 많아 복부창만하거나 소화가 잘 되지 않는 사람은 피하는 것이 좋음

산초 山椒, *Pericarpium Zanthoxyli*

약성 辛, 溫, 有毒

귀경 胃, 辛, 脾經

한의학적 효능

1. 복부의 찬 기운으로 인한 복통, 설사와 치통, 천식, 요통에 쓰임
2. 살충작용이 있어 옴, 버짐, 음부가려움증, 음낭습진 등에도 사용함

약리작용

국부마취작용 / 장관연동작용 / 항균작용 등

용량 2~6g

주의사항 음이 부족하고 열이 왕성하거나 산소 또는 위출혈이 있는 사람의 복용을 금함

상심자 桑椹子, 오디, *Fructus Mori Albae*

약성 甘酸, 寒

귀경 心, 肝, 腎經

한의학적 효능
1. 오장을 보호해 주고 눈과 귀를 밝게 하며 관절을 부드럽게 해주고 기혈을 소통시키며 경맥을 조화시켜 줌
2. 정신을 건강하게 하며 신수(腎水)를 보해 주고 진액을 생성시켜 갈증을 제거함
3. 수액대사를 강화시켜 종기를 제거하고 술을 깨게 하며 모발을 검게 함
4. 오래 복용하면 배고픔을 잊게 됨

약리작용
보혈작용 / 정장작용 / 항노화작용

용량 3~15g

주의사항 소화기가 허약하고 설사를 하는 사람은 복용하지 않는 것이 좋음

상엽 桑葉, *Folium Mori Albae*

약성 甘苦, 寒

귀경 肺, 肝經

한의학적 효능
1. 항균과 혈당 강하작용을 하며, 소염작용이 있음
2. 인체의 단백질 합성을 촉진시키고 세포생장을 촉진시키며 표피생산을 촉진함
3. 체내의 콜레스테롤과 지질의 수치를 낮춤

약리작용
항균작용 / 혈당 강하작용 / 평활근이완작용 / 소염작용 / 단백질 합성 촉진

용량 6~12g

주의사항 폐기가 허하거나 다뇨 또는 감기로 인해 오한과 함께 기침을 하는 사람은 복용을 피함

속단 續斷, *Radix Dipsaci Asperi*

약성 苦, 寒

귀경 肝, 腎經

한의학적 효능

1. 급성인후염에 효력이 있음
2. 양혈작용이 있어서 이질, 소변출혈, 대변출혈, 코피 등의 효과가 있음
3. 끓는 물에 덴 데나 종기에는 짓찧어서 붙이면 효과가 있음

약리작용

자궁흥분작용 / 폐렴쌍구균 억제작용

용량 6~12g

주의사항 고열, 내열(內熱)이 있는 자 및 임산부의 복용을 삼가함

쑥 향호, 청호, *Herba Artemesiae Annuae*

약성 苦, 溫

귀경 肝, 膽經

한의학적 효능

1. 오래된 여러 가지 병과 부인의 붕루(하혈)를 낫게 하여 안태를 시킴
2. 복통을 멎게 하며 적리와 백리를 낫게 함
3. 오장치루(五臟痔漏)로 피를 쏟는 것과 하부의 의창을 낫게 하며 살을 살아나게 하고 풍한을 헤침
4. 음기(陰氣)를 북돋아 주며, 곽란을 멈추게 하고, 피부에 윤기와 활력을 주며, 혈색을 좋게 함
5. 여성의 자궁 속에 스며 있는 찬 기운과 습한 기운을 몰아 내 생리불순을 고쳐 주며, 피를 맑게 하고, 간기능을 좋게 함

약리작용

정혈작용 / 해독작용 / 소염작용 / 항균작용

용량 3~10g

주의사항 출산 후 혈이 부족하거나 속이 차서 설사가 있고 식욕이 부진한 사람의 복용을 금함, 오래 달이는 것을 금함

오가피 五加皮, *Cortex Acanthopanacis Gracilistylus Radicis*

약성 辛苦, 平

귀경 肝, 腎經

한의학적 효능

1. 시베리안 진생(siberian ginseng)이라고 알려져 있을 정도로 약효가 우수한 약용
   식물임
2. 뿌리와 나무껍질을 말려서 양위, 관절류머티즘, 요통, 퇴행성 관절 증후군, 수종,
   각기, 타박상 등에 처방함
3. 현재까지 알려진 인삼이 가지는 약리작용 효능과 매우 유사함

약리작용

소염작용 / 면역억제촉진작용 / 진정, 진통작용

용량 8~16g

주의사항 음이 허하고 열이 많은 경우 복용을 삼가함

오미자 五味子, *Fructus Schizandrae*

약성 酸甘, 溫

귀경 肺, 大腸, 心, 腎經

한의학적 효능

1. 신맛은 수렴성이 강하고 자음(滋陰)효과가 커서 오래된 해수, 천식에 유효함
2. 수렴작용이 있어서 피부의 땀샘을 수축시켜 땀이 많아지는 것을 방지함
3. 진액의 생성작용이 강하여 갈증을 풀어 주고 기운이 없는 소갈증에 유효함
4. 신(腎)기능 허약으로 인한 유정(遺精), 유뇨(遺尿) 및 소변을 자주 보는 증상을 다스리며, 오래된 이질, 설사에도 효력이 뛰어남
5. 음혈(陰血) 부족으로 가슴이 뛰고 잠을 이루지 못하면서 꿈이 많은 증상에 쓰임
6. 뇌력(腦力), 지력(智力)을 향상시켜 기억력 감퇴, 집중력 감소, 정신이 산만한 증상에 정신력을 강화시키고 사고력을 향상시킴
7. 중추 신경 계통에 작용하여 대뇌 피질의 흥분작용을 현저하게 하는 동시에 혈압 강하작용과 거담, 진해작용을 보임
8. 호흡 흥분작용을 나타내며, 당 대사 촉진과 간장 내에서 당원 분해에 관여하며, 세포면역 기능의 증강작용을 나타냄

약리작용

자궁 흥분작용 / 담즙 분비 촉진작용 / 위액 분비 조절작용 / 시력 증대·시야 확대작용 / 포도상구균, 탄저균, 인플루엔자균, 폐렴균, 이질균, 콜레라균의 발육 억제작용

용량 2~8g

주의사항 기침이나 발진 등의 초기 증상 및 몸에 열이 있는 사람의 복용을 삼가함

용안육 龍眼肉, *Arillus Longan*

약성 甘, 溫

귀경 心, 脾經

한의학적 효능

1. 비위를 보하여 영혈부족(營血不足)을 보하여 줌
2. 심과 비가 허약하여 잠을 못 이루는 증상, 잘 놀라며 사려(思慮)가 과도하여 가슴이 두근거리는 증상, 건망증, 걱정이 많은 증상에 효과가 있음
3. 소화력이 떨어지며 변이 묽은 증상을 해소시킴
4. 장복하면 의지가 강해지고 총명해지며 건망증이 없어짐

약리작용

항균작용 / 항암작용 / 항노화작용 / 항산화작용 / 면역기능 활성화 / 강장작용 등

용량 6~12g

주의사항 습이 많아 복부창만한 사람은 피하는 것이 좋음

육두구 肉荳蔻, *Semen Myristicae*

약성 辛, 溫

귀경 肝, 胃, 大腸經

한의학적 효능

1. 온성(溫性)과 방향성이 높아서 오래된 설사, 탈항에 유효하며 기를 잘 소통되게 함
2. 비위(脾胃)가 차서 일어난 복부팽만, 구토, 식욕감퇴 등에 효과가 있음
3. 소화기 계통에 작용하여 장관(腸管)을 흥분시키는 효과를 보이고, 중추신경 억제작용으로 수면 시간을 연장시킴
4. 항균작용이 있음

약리작용

항균작용 / 위장기능촉진작용(소량복용 시) / 중추신경자극작용

용량 2~8g

주의사항 더위 먹어 설사하는 경우, 하혈하는 사람, 소화가 잘 되면서 치통이 있는 사람의 복용을 금함

의이인 薏苡仁, 율무, *Semen Coicis Lachrymae Jobi*

약성 甘淡

귀경 脾, 胃, 肺經

한의학적 효능

1. 소화기를 튼튼하게 하고 체내수분대사를 도와줌
2. 열을 내리고 곪은 농을 배출시켜 폐농양, 맹장염 등에 널리 활용됨
3. 근골을 강건하게 함
4. 폐위, 폐기를 다스리고 농혈을 토하게 하며 해수를 치료함
5. 비(脾)기능이 허약하여 비(脾)에 습(濕)이 정체되어 일어난 수종(水腫 : 몸의 조직 사이나 체강 안에 장액·림프액 등이 괴어 몸이 붓는 병), 각기, 천급(喘急), 비위 허약으로 소변의 양이 적고 잘 나오지 않는 증상 및 음식 감소, 설사, 풍습비증으로 근맥이 경직되어 가는 증상에 좋음
6. 건각기나 습각기가 발생되는 것을 치료하며, 장과 위를 이롭게 하여 체내에 수습 (水濕)이 있는 사람, 백색의 대하, 습(濕)으로 인하여 사지동통이 있는 사람, 대변 이 형태가 없는 사람, 근육과 뼈에 힘이 없는 사람, 열이 많은 사람에 좋음
7. 오래 먹게 되면 식욕이 생기게 되고 몸이 가벼워지면서 기운이 솟음(각기병 : 건 각기-붓지 않는 것, 습각기-부으면서 다리가 아픈 것)

약리작용

항암작용 / 골격근이완작용 / 진정작용 / 해열작용 / 진통작용

용량 10~30g

주의사항 임신부는 복용해서는 안 됨

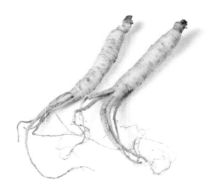

인삼 人參, *Radix Ginseng*

약성 甘微苦, 溫

귀경 脾, 肺, 心經

한의학적 효능

1. 원기 부족으로 인한 신체허약, 권태, 피로, 땀이 많은 증상, 비위(脾胃)기능의 감퇴로 인해 나타나는 식욕부진, 구토, 설사에 활용됨
2. 폐기능이 허약하여 호흡하기가 곤란하고 움직일 때마다 기침이 나며 사지가 무력하고 맥이 매우 약하며 땀이 많은 등의 증상이 나타나는 데 효과적임
3. 진액을 생성시켜 갈증을 없앰
4. 정신을 안정시키고 눈이 밝아지며 정력이 강해지고 사고력을 높여 명석하게 함
5. 안신(安神)작용이 있어서 꿈이 많고 잠을 이루지 못하면서 가슴이 뛰고 잘 놀라는 증상에 쓰이고 건망증을 없애 주고 지력(智力)을 높이며, 정신력을 증강시키고 사고력과 영적(靈的) 활동을 높이는 데 사용됨
6. 기혈을 보하고 기운을 더하게 하고 양기를 튼튼하게 하므로 기운이 허약해서 혈허증상을 일으키는 사람에게 좋음
7. 신(腎)기능 허약으로 음위증(陰萎症 : 발기부전)을 일으킬 때에 강장효과가 있음

약리작용

대뇌 피질의 흥분과정과 억제과정에서 평형을 유지 / 긴장으로 인한 신경의 문란한 체계 회복 / 항피로작용 / 항노화작용 / 면역기능 개선 / 항상성(恒常性) 유지효과 / 암세포의 발육 억제작용 / 간장 해독 기능 강화 등

용량 3~10g(가루는 1~2g)

주의사항 검은콩, 무, 녹차, 산사 등과 함께 복용하는 것은 좋지 않음. 기름으로 볶거나 튀겨서 요리하는 것은 좋지 않으며 쇠로 된 용기에서 요리하는 것도 좋지 않음

진피 陳皮, *Pericarpium Citri reticulatae*

약성 辛苦, 溫

귀경 脾, 肺經

한의학적 효능

1. 기를 잘 순환시키고 담을 풀어 주며 소화기능을 도와줌
2. 해수와 천식에 진해·거담작용을 나타냄
3. 소염·진통작용이 나타나고, 요량(尿量) 및 요산(尿酸)의 배설을 촉진시킴
4. 황색포도상구균 등을 억제하는 작용이 있음

약리작용

위액분비 촉진작용 / 항위궤양작용 / 이담작용 / 거담작용 / 평천작용

용량 3~10g

주의사항 기가 부족하거나 음이 부족해 마른기침을 하는 사람 또는 토혈(吐血)하는 사람의 복용을 금함

하고초 夏枯草, 꿀풀, *Spica Prunellae Vulgaris*

약성 苦辛, 寒

귀경 肝, 膽經

한의학적 효능

1. 간담에 화가 울체된 것을 다스리므로 간화로 인하여 눈이 충혈되고 아프면서 눈물이 나고 햇빛을 볼 수 없는 증상과 두통, 어지럼증에 유효함
2. 신경성 고혈압의 혈압을 내리는 데 사용함
3. 결핵성 림프선염, 종기의 초기에 단방약으로 사용됨

약리작용

혈압 강하작용 / 혈관 확장작용 / 염증반응 억제작용

용량 10~15g

주의사항 비위가 허하거나 기가 부족한 사람 또는 울결이 없는 사람의 복용을 금함

하수오 何首烏, *Radix Polygoni Multiflori*

약성 平, 無毒, 甘

귀경 心, 肝, 肺經

한의학적 효능

1. 간을 보하고 신의 기능을 도우며 혈을 자양하고 풍을 없애며 간신[肝腎 : 한방에서 넓은 의미의 간장(肝腸)과 신장(腎臟)]의 음이 손상된 것을 치료함
2. 머리가 일찍 세는 것을 막아 주고 혈이 부족하여 나타나는 어지러움증을 치료함
3. 허리와 무릎이 연약한 것을 치료하고 근골의 쑤시는 증상을 완화시키며 정액을 저절로 흘리는 증상, 대하가 많이 나오는 증상에 좋으며 만성간염에 좋음
4. 결핵성 림프선염에도 효능을 보이며, 장관이 건조해서 일어나는 변비증의 통변(通便)작용을 나타냄
5. 혈청 콜레스테롤치를 내리고, 죽상동맥경화를 감소시키거나 방지함
6. 관상동맥 혈류량을 증가시키고, 심장근육의 보호작용을 나타냄

약리작용

면역기능 / 변비에 유효 / 결핵균과 이질균의 발육을 억제

용량 10~15g

주의사항 풍열자한과 감기로 잠이 잘 오지 않는 경우 복용을 금함, 장기간 연속으로 복용해야 효과가 나타남

해동피 엄나무, *Cortex Erythrineae*

약성 苦辛, 平

귀경 肝, 脾經

한의학적 효능

1. 거풍통락(擧風通絡 : 풍기를 없애고 경락을 소통시킨다)이 있어 허리나 다리를 쓰지 못하는 것과 마비되고 아픈 것을 치료함
2. 근골이 뻣뻣하고 아픈 경우, 요통과 무릎 통증이 심할 경우, 신경통, 관절염이 있을 경우 사용함

약리작용

항산화작용 / 중추신경계 흥분작용(소량복용 시) / 진정작용(다량복용 시) / 거담작용 / 소염작용

용량 4~14g

주의사항 혈이 허한 사람 또는 몸이 허약한 사람의 경우에는 복용을 금함

행인 杏仁, *Semen Pruni Armeniacae*

약성 苦辛, 微溫

귀경 肺, 大腸經

한의학적 효능

1. 기(氣)를 아래로 내려주고 폐경에 작용하여 해수, 천식을 멎게 하며 장을 윤활하게 하여 변비에 효과적임
2. 풍열해수, 풍한해수에 응용하며 감기로 코가 막히고 목이 가라앉으며 해수와 가래가 많을 때나, 폐열로 인한 해수, 천식, 갈증에 효과적임
3. 장위(腸胃)에 열이 많고 진액이 부족해서 일어난 변비 및 허약자나 노인의 변비에 유효함
4. 가벼운 호흡중추 억제로 진해·평천효과가 있음

약리작용

항종양작용 / 장티푸스균, 회충, 촌충, 요충의 억제작용 등

용량 3~10g

주의사항 전탕 시 나중에 넣음(後下), 약간의 독이 있으므로 과량 복용을 금함, 특히 영아와 변이 묽을 경우에는 조심하여 복용함

형개 荊芥, *Herba seu Flos Schizonepetae Tenuifoliae*

약성 辛, 微溫

귀경 肺, 肝經

한의학적 효능

1. 외감성으로 인한 오한, 열, 두통과 땀이 안 나는 증상에 사용함
2. 부인이 산후 감기로 경련과 발작을 일으킬 때 단방으로 사용함
3. 피부 가려움증에도 유효함
4. 창양 초기에 열이 있고 염증이 확산될 때 사용함

약리작용

해열, 진경작용 / 지혈작용 / 식균작용 / 진통, 항염증작용

용량 3~10g

주의사항 장시간 전탕을 금함

홍화 紅花, *Flos Carthami*

약성 辛, 溫

귀경 心, 肝經

한의학적 효능

1. 심장, 간으로 들어가 혈액순환을 잘 통하게 하여 어혈을 풀어 줌
2. 주로 통증, 산후 악성 종기로 인한 복통(産後瘀腹通), 주근깨(斑疹), 계절동통(季節疼痛) 등을 치료함

약리작용

혈관확장작용 / 항응고작용 / 항혈전작용 / 혈중콜레스테롤 강하작용

용량 3~10g

주의사항 임신부, 습관성으로 유산하거나 출혈증 환자의 복용을 금함

황금 黃芩, *Radix Scutellariae Baicalensis*

약성 苦, 寒

귀경 肺, 膽, 胃, 大腸經

한의학적 효능

1. 습열이 원인이 되어 열이 나고 땀이 나며 가슴이 답답하고 설태가 두껍게 끼는 증상에 사용함
2. 습열로 인한 황달에 간담의 기능을 활성화시킴
3. 장위에 열이 쌓여 소변이 붉고 양이 적으며 통증을 호소하는 증상에 쓰임
4. 습열이 방광에 쌓여서 소변이 붉고 양이 적으며 통증을 호소하는 증상에 사용함
5. 열을 제거하고 화를 내리므로 고열이 없어지지 않는 증상을 다스림

약리작용

항균작용 / 과민성 염증, 부종억제 / 간기능 보호작용 / 진정, 이뇨작용

용량 3~10g

주의사항 비위가 허하고 찬 경우와 임신부가 태한(胎寒)한 경우에는 복용을 금함

황기 黃耆, *Radix Astragali*

약성 甘, 溫

귀경 肺, 脾經

한의학적 효능

1. 비(脾)를 보하여 기를 더해 주며 원기를 북돋아 주어 땀이 많이 나는 증상을 완화시킴
2. 혈액을 생성시키고 수분대사를 원활히 하여 종기를 다스림
3. 비기(脾氣) 허약으로 인하여 얼굴빛이 희거나 황색을 띠는 증상, 사지권태무력, 대변이 묽은 증상, 어지러우며 기운이 없는 증상, 말하기가 힘들고 식은땀이 나면서 가슴이 뛰고 잠을 이루지 못하는 증상에 사용함
4. 기허(氣虛)하여 조혈기관이 약화됨으로써 나타나는 권태감, 무력감 및 얼굴빛이 창백하며 광택이 없고, 토혈, 변혈, 피하 출혈, 자궁 출혈 등의 증상이 나타날 때 활용됨
5. 상승작용이 있어서 위하수, 탈항, 장기탈수, 기운 하강 등의 증상에 유효함
6. 기허무력(氣虛無力)으로 과다하게 수분이 체내에 정체되어 배설되지 못하는 증상, 기운이 없고 혈행장애로 인한 피부마비와 감각마비에 쓰임

약리작용

면역증진작용 / 항노화작용 / 강심작용 / 혈관확장작용 / 혈압강하작용

용량 10~20g

주의사항 감기로 열이 심하거나 종기 초기에는 피하는 것이 좋음

황정 黃精, 둥글레, *Rhizoma Polygonati*

약성 甘, 平

귀경 脾, 肺, 腎經

한의학적 효능

1. 황정은 보중익기(補中益氣 : 속을 보하여 기를 더 함)의 기능이 있음
2. 윤심폐(潤心肺 : 심폐를 촉촉하게)의 기능이 있음
3. 강근골(强筋骨 : 근골을 강하게) 하는 효능이 있음

약리작용

관상동맥의 혈류량 증가 / 혈압 강하 / 혈당의 상승작용 억제 / 피부진균의 억제작용

용량 10~15g

주의사항 기침에 담이 많은 자, 속이 차서 설사하는 자 등은 복용을 금함

회향 茴香, 소회향, *Fructus Foeniculi*

약성 辛, 溫

귀경 肝, 脾, 胃, 腎經

한의학적 효능

1. 신(腎)을 따뜻하게 하여 한기(寒氣)를 발산시킴
2. 소화기를 편안하게 하며 기를 더하여 주어 밥맛이 돌게 함
3. 아랫배가 냉하여 나타나는 통증과 신(腎)이 허하여 생기는 통증, 위장통증, 구토 등을 다스림
4. 건습각기(乾濕脚氣)에도 효과가 있음

약리작용

진경작용 / 항균작용

용량 4~12g

주의사항 음이 허하고 열이 많은 경우 복용을 삼가함

갈근 葛根, *Radix Puerariae*

약성 甘辛, 平

귀경 脾, 胃經

한의학적 효능

1. 외감성으로 인한 발열, 두통, 목덜미가 뻣뻣한 것을 풀어 줌
2. 생진작용으로 갈증 해소, 열병으로 가슴속이 답답하여 팔다리를 가만히 두지 못하는 증상, 소갈증에 유효함
3. 이질 초기 몸에 열이 날 때, 오랫동안 설사하여 기진맥진할 때 활용함
4. 고혈압으로 인한 두통과 이명, 관상동맥경화증으로 심장부위 통증이 있을 때 유효함

약리작용

부신피질 자극작용 / 항염증작용 / 항궤양작용 / 자궁근 등의 평활근 경련 풀어 줌 / 진해, 거담작용 / 진통작용 / 항균작용 / 혈당 강하작용 / 면역기능 항진작용 등

용량 10~20g

주의사항 여름에 많이 복용하거나 위장이 차서 구토, 땀이 많이 나는 사람은 복용을 금함

강황 薑黃, *Rhizmoma Curcumae Longae*

약성 辛苦, 溫

귀경 脾經

한의학적 효능

1. 어혈(瘀血)을 제거하는 작용이 강하므로 생리통을 완화시킴
2. 간기능장애로 옆구리가 아픈 것을 제거함
3. 종기의 초기 증상에 소염, 진통효과가 높아 주로 외용함

약리작용

담즙분비 촉진작용 / 자궁 흥분작용 / 혈압 강하작용 / 진통작용 / 고지혈증을 강하시켜 심교통증을 감소시키는 효과 증명

용량 6~10g

주의사항 혈이 허해 기가 통하지 않고 어혈이 없는 사람은 복용을 금함

곽향 藿香, *Pogostemonis / Agastaches Herba*

약성 辛, 微溫

귀경 肺, 痺, 胃經

한의학적 효능

1. 비위(脾胃)기능을 보하며 습(濕)이 비위(脾胃)에 정체된 것을 치료하므로 복부창만, 식욕부진, 메스꺼움, 구토, 설사, 설태가 두껍게 끼는 증상을 다스림
2. 소화장애가 따르는 감기로 가슴이 답답하고 메스꺼운 증상 및 발열, 두통, 구토, 설사, 몸이 나른한 증상, 두통완비(頭痛脘) 등이 있을 때 해서화습(解暑化濕)하여 치료함
3. 여름철의 구토, 설사에 좋으며 차로 항상 복용하면 더위를 잊게 함
4. 입 안에서 구취가 날 때에는 약물 달인 물로 양치질을 하면 제거됨

약리작용

피부진균, 황색포도상구균, 녹농균, 대장균, 이질균, 용혈성연쇄상구균, 폐렴균 등의 발육억제 / 위액분비 촉진 / 소화력 증강 등

용량 6~10g

주의사항 오래 전탕치 말고 음이 부족해 열이 왕성한 사람은 복용을 금함

금은화 金銀花, 인동등, *Flos Lonicerae Japonicae*

약성 甘寒

귀경 肺, 心, 胃經

한의학적 효능

1. 해열 해독작용이 있어서 각종 염증성 감염성질환에 소염 배농 살균작용으로 이질 종기 피부창양 인후염 등에 활용됨
2. 외감성으로 인한 오한, 열, 두통, 머리가 어지러운 증상을 개선시킴

약리작용

항균작용 / 항염작용 / 백혈구 탐식작용 촉진 / 중추신경계통의 흥분작용 / 콜레스테롤 강하작용 등

용량 10~20g

주의사항 음이 부족해 혀가 붉은 사람은 복용을 금함

단삼 丹參, *Radix Salviae Miltiorrhizae*

약성 苦, 微寒

귀경 心, 心包, 肝經

한의학적 효능

1. 혈액순환을 왕성하게 하고 어혈을 제거하므로 안으로는 오장육부의 어형정체를 다스리고 밖으로는 사지관절의 통증을 완화시킨다. 따라서 부인의 생리불순, 생리통 및 산후 복통에 쓰임
2. 고열로 인한 정신혼몽, 헛소리, 번조, 불면증에 활용함
3. 피부가 헐어 생긴 발진에 쓰이고 간혹 유방염 초기에 양혈(養血)시키므로 효력이 있음
4. 마음을 편안하게 하므로 가슴이 답답하고 잠이 오지 않는 불면증에 활용됨

약리작용

혈류량 증가 / 콜레스테롤강하 / 혈압강하 / 간기능 활성화 / 진정작용 / 항염증작용

용량 6~15g

주의사항 술에 볶으면 혈액순환기능이 증강됨. 어혈이 없는 사람의 복용을 금함

독활 獨活, *Radix Angelicae Pubiscentis*

약성 辛苦, 溫

귀경 腎, 膀胱經

한의학적 효능

1. 풍한습(風寒濕)이 원인이 되어 발병한 근육통, 관절염, 요통, 무릎과 하지의 동통 및 무력증에 쓰임
2. 조습(燥濕)작용이 있어서 피부가려움증을 치료함
3. 외감성으로 인한 발열, 오한, 두통, 사지통 등에 활용함
4. 산종(散腫)작용이 있어서 종기를 치료함

약리작용

진정, 최면, 진통, 항염증작용 / 혈압강하 / 항경련작용 / 항궤양작용

용량 4~12g

주의사항 혈이 허해서 발생되는 두통이나 경증(痙證) 및 기혈이 모두 허하여 발생하는 온몸의 통증 또는 내풍증(內風證)의 경우 복용을 금함

동충하초 冬蟲夏草, *Cordyceps*

약성 甘, 溫

귀경 腎, 肺經

한의학적 효능

1. 신이 허하여 발기불능이거나 정액이 저절로 흐를 때, 허리와 무릎이 시리고 아플 때 사용함
2. 폐가 허하여 만성적으로 기침과 천식을 하거나 기침을 할 때 가래에 피가 섞이며 잠잘 때 땀을 흘리는 증상에 사용함

약리작용

진정작용 / 체온강하 / 면역기능 항진 / 항암작용 / 심장의 수축량과 관상동맥 혈류량 증가 / 기관지 확장작용 / 대사 촉진작용

용량 6~12g

주의사항 감기를 앓고 있는 사람이 식용하는 것은 좋지 않음

맥문동 麥門冬, *Radix Ophiopogonis*

약성 甘微苦, 微寒

귀경 肺, 胃, 心經

한의학적 효능
1. 음을 자양하고 폐를 촉촉하게 하며 소화기능을 좋게 함
2. 진액을 생성시켜 폐음(肺陰)이 손상되어 음허(陰虛)로 일어나는 해수, 각혈 등의 증상에 좋음
3. 위음(胃陰)이 손상되고 허약해서 혀가 마르고 갈증이 나는 데 쓰고, 소갈증으로 입 안이 건조하고 물을 많이 마시고 음식을 많이 먹는 증상에 좋음
4. 음혈(陰血)이 손상되어 가슴 속이 답답하고 편안치 않아서 팔다리를 가만히 두지 못하는 증상과 잠을 이루지 못하는 증상에 좋음
5. 변비에 윤장(潤腸), 통변(通便)의 효과가 있음

약리작용
항산화작용 / 관상동맥의 혈류량 촉진과 심장 근육의 결혈증(缺血症)에 보호작용 / 심장 근육의 수축력을 개선 / 면역 증강작용 / 혈당저하작용 / 백색포도상구균, 고초간균, 대장균, 인플루엔자균에 억제작용

용량 10~15g

주의사항 비장과 위장의 양기가 부족해 설사하거나 감기몸살을 앓는 사람의 복용을 금함

백출 白朮, *Rhizoma Atractylodes Macrocephalae*

약성 甘苦, 溫

귀경 脾, 胃經

한의학적 효능

1. 비, 위경으로 들어가 기를 보하고 튼튼하게 하며 땀을 멎게 하고 유산을 막는(安胎) 효능이 있음
2. 비장의 운화(運化)와 희조악습(熹燥惡濕)하는 성질과 부합되어 비장을 보호함
3. 조습이수(燥濕利水)하여 수종을 치료하며, 황달, 지한(止汗, 땀을 멎게 함) 등에도 사용함
4. 비장이 허하여 차고 습한 것으로 인한 태동불안(胎動不安)으로 배가 아프거나, 물을 토하는 증세를 보일 때 유산을 막거나(安胎) 치료함
5. 백출을 상용하면 비장을 튼튼하게 하고 불조(不燥, 건조함이 없음)하며, 볶아서 사용하면 조습(燥濕)의 효능이 증가되고, 설사를 멎게 함

약리작용

항궤양 및 간기능 보호작용 / 면역기능 항진 / 혈관 확장작용

용량 6~15g

주의사항 음이 허해 열이 나거나 진액이 부족한 사람의 복용을 금함

봉출 蓬朮, *Rhizoma Curcumae*

약성 辛苦, 溫

귀경 肝, 脾經

한의학적 효능

1. 어혈이 정체되어 생기가 없고 전신에 통증이 심한 것을 제거시킴
2. 소화기능 감퇴로 음식의 소화가 잘 안 되고 헛배가 부르면서 아픈 증상을 해소시킴

약리작용

항궤양 및 간기능 보호작용 / 면역기능 항진 / 혈관 확장작용

용량 4~12g

주의사항 기혈이 모두 허하여 비위기능 약화로 인해 소화가 안 되는 경우 및 월경이 과다한 자와 임신부는 복용을 금함

비파엽 枇杷葉, *Folium Eriobotryae Japonicae*

약성 微苦辛, 微寒

귀경 肺, 胃經

한의학적 효능

1. 폐열로 인한 해수 및 가래가 황색으로 끈끈하며 입 안이 쓰고 인후가 건조한 증상에 유효함
2. 위열을 내리므로 구토에 효능을 보임

약리작용

진해, 거담작용 / 약물 달인 물은 요충을 죽이는 효과

용량 10~15g

주의사항 반드시 털을 제거하고 쓰거나 천에 넣고 여과 후 복용케 해야 함

사상자 蛇床子, *Fructus Cnidii Monnieri*

약성 苦辛, 微溫

귀경 腎, 脾經

한의학적 효능

1. 만성 복통 설사에 장관을 따뜻하게 하면서 기능을 활성화시켜 통증을 가라앉히고 설사를 그치게 함
2. 회충 구제효과가 있음

약리작용

기관지평활근 이완작용 / 천식억제작용 / 면역억제작용 / 항부정맥작용 / 항균작용

용량 4~12g

주의사항 음이 허하고 열이 많거나 열이 심하면서 소변이 붉고 배뇨 시 통증이 있는 사람은 복용을 금함

사인 砂仁, *Fructus Amomi*

약성 辛, 溫

귀경 脾, 胃經

한의학적 효능

1. 방향성이 높아서 소화기 냉의 습기를 제거하고 기를 잘 통하게 하며, 건위 소화작용이 있어서 복부팽만동통 및 음식 생각이 없고 구토, 설사를 하는 증상에 응용됨
2. 비위(脾胃)를 따뜻하게 하므로 한습(寒濕)이 정체되어 일어나는 설사에 효과적이고 임신 중 구토, 복부동통, 대변출혈에 효력을 나타냄. 기를 잘 소통시키고 비위를 편안하게 하여 안태(安胎)의 효능이 있어 태동불안, 임신오조 등에 효과적임
3. 사인을 달인 물의 낮은 농도는 장관에 흥분작용을 일으키고, 고농도는 억제작용을 보이며, 장관의 과도한 흥분을 해소시키고 경련을 풀어 줌

약리작용

항위궤양작용 / 평활근이완작용 / 위장수송 촉진작용 / 진통작용

용량 3~6g

주의사항 음허(陰虛)로 인한 열이 있는 사람은 복용을 삼가는 것이 좋음

산사 山査, *Fructus Crataegi*

약성 甘酸, 微溫

귀경 脾, 胃, 肝經

한의학적 효능

1. 음식을 소화시켜 체한 것을 풀어 주며 혈액순환을 도와 어혈을 흩어주며 비장의 기운을 도우며 입맛이 돌게 하고 음주로 인한 증상을 풀어 줌
2. 건위작용 및 소화 촉진작용이 있어 소화불량, 육식소화장애, 복통 등에 효과가 있음
3. 혈액 순환 개선으로 산후 복통, 부인의 생리통 등에 활용된다. 어혈(瘀血)을 제거하므로 타박어혈동통의 통증을 가라앉힘
4. 지질 용해작용이 있어 관상동맥장애와 협심증, 고혈압, 고지혈증 등에 응용됨
5. 강심작용이 있으며, 혈압 강하, 관상 동맥 혈류량 촉진, 혈관 확장에 유효함
6. 콜레스테롤의 흡수를 억제하고, 죽상동맥경화에 효력을 나타내며, 지방산 및 동물 지방식품의 소화 촉진에 현저한 효과가 있음

약리작용

병원 미생물 억제작용 / 진정작용 / 모세혈관 투과성 높임 / 자궁 수축 증가작용

용량 4~15g

주의사항 비위가 허하거나 위산이 과다한 경우에는 복용을 금함

산수유 山茱萸, *Fructus Corni*

약성 酸澁, 微溫

귀경 肝, 腎經

한의학적 효능

1. 간신(肝腎)을 보하여 어지러운 증상을 다스리고 허리와 무릎이 쑤시는 증상을 완화함
2. 발기가 안 되고 정액이 저절로 흘러나오고 귀에서 소리가 나는 증상에 효과가 있음
3. 신맛은 수렴성이 강하여 식은땀이 그치지 않을 때, 새벽에 설사를 하고, 소변의 양이 적으면서 잘 나오지 않거나 또는 소변을 자주 볼 때, 야뇨증, 자궁출혈에 효과가 있음
4. 간기능 허약으로 식은 땀이 많고 잘 놀라며 가슴이 뛰는 증상에 쓰임

약리작용

이뇨작용 / 혈압 강하작용 / 포도상 구균, 이질균의 억제작용 / 암세포의 억제작용 / 혈당 강하작용 / 심근의 수축력 높임 / 림프 세포 증식작용 / 혈소판응집 억제작용

용량 4~12g

주의사항 소변을 잘 못 보는 사람은 피하고 씨를 제거하는 것은 이 씨가 정액의 소모를 증강시키고 있기 때문임

산조인 酸棗仁, *Semen Ziziphi Spinosae*

약성 甘酸, 平

귀경 心, 肝經

한의학적 효능

1. 신경과민, 불면증, 건망증, 식은땀 등에 사용함
2. 비위를 튼튼하게 하고 빈혈에 효과가 있음

약리작용

진정 / 최면 / 혈압강하 / 진통 / 체온강하작용 / 항산화작용 / 면역항진작용 / 자궁흥분작용 / 화상환부부종억제작용 등

용량 12~20g

주의사항 실증으로 담화가 있는 자와 설사를 하는 자는 복용을 삼가함

삼백초 三白草, *Herba Saururi Chinensis*

약성 苦辛, 寒

귀경 肺, 膀胱經

한의학적 효능

1. 이습(利濕)작용이 있어서 전신이 붓고 소변이 잘 나오지 않을 때 쓰임
2. 황달에도 유효함
3. 종지, 악창(惡瘡)에 짓찧어 붙이며 효과가 있음
4. 부인의 백대하(白帶下)에도 활용됨

약리작용

해독작용 / 이뇨작용 / 항암작용 / 혈중콜레스테롤 강하작용

용량 12~20g

주의사항 비위가 허하고 찬 사람의 복용을 금함

석창포 石菖蒲, *Rhizoma Acori Graminei*

약성 辛, 溫

귀경 心, 胃經

한의학적 효능

1. 방향성 정유는 담탁(痰濁)으로 정신과 의지가 혼란해지는 증상에 유효함
2. 마음과 정신을 안정시키고 건망과 불면증 및 귀에서 소리가 나며 농이 흐르는 데 도 쓰임
3. 비위의 정체된 습기를 제거하므로 흉복부 창만, 가슴답답증, 동통 및 입 안이 쓰고 설태가 끼는 데도 효력을 나타냄
4. 인후염, 성대부종으로 음성이 변화된 데 활용됨
5. 풍습성사지마비 동통, 종기, 옴, 버짐 및 타박상에도 응용됨

약리작용

수명 연장작용 / 소장에서 흡수능력을 향상시킴

용량 4~12g

주의사항 몸에 진액이 부족한 사람 및 가슴이 답답하면서 땀이 많은 사람, 피를 토하거나 기침을 하는 사람, 유정이 있는 사람의 복용을 금함

연자육 蓮子肉, *Semen Nelumbinis Nuciferae*

약성 甘澁苦, 平

귀경 脾, 腎, 心經

한의학적 효능

1. 비(脾)기능이 허약해서 설사를 할 때에 비(脾)기능을 보(補)하여 설사를 멈추게 하는 작용이 있음
2. 신경이 예민한 사람은 밥에 넣어 먹기도 함
3. 비암(鼻癌)과 인후암을 억제하는 약리작용작용이 있음
4. 연자심의 리엔시닌(liensinine)은 혈압을 지속적으로 내리는 작용이 있음
5. 신(腎)기능이 약해서 유정(遺精) 및 몽정(夢精)이 있을 때에 토사자(兎絲子), 녹용(鹿茸)을 배합해서 사용함
6. 음혈(陰血)이 손상을 받아 가슴이 뛰고 잘 놀라며 잠을 못 자는 증상에 산조인(酸棗仁), 맥문동(麥門冬)을 배합해서 사용하면 그 효력이 매우 우수함

약리작용

항산화작용 / 항부정맥작용 / 혈압강하작용

용량 6~15g

주의사항 복부창만하고 대변이 마르고 딱딱할 경우 복용을 금함

우슬 牛膝, *Radix Archyanthis bidentatae*

약성 苦酸, 平

귀경 肝, 腎, 肺, 胃, 心包經

한의학적 효능

1. 혈(血)을 소통시키고 어혈을 제거하며, 관절을 부드럽게 하고, 혈을 신체의 아랫부분으로 보내 줌
2. 주제(酒製)하면 간신(肝腎)을 보하고, 허리와 무릎을 강하게 해줌
3. 주로 요퇴부와 허리 이하 다리의 통증에 사용함
4. 신허(腎虛)로 인한 요통과 풍습으로 인한 요부 통증효과가 있음

약리작용

자궁흥분작용 / 소염작용 / 진통작용 / 이뇨작용

용량 6~12g

주의사항 비허(脾虛)로 인한 설사, 월경과다, 임신부의 복용을 금함

울금 鬱金, *Radix Curcumae*

약성 辛苦, 寒

귀경 肝, 脾經

한의학적 효능

1. 행기해울(行氣解鬱)시켜 간기능장애로 인한 생리통, 생리불순을 치료함
2. 청열(淸熱)작용이 있어서 토혈, 코피, 소변출혈 등에 지혈작용이 있음
3. 심장기능을 활성화시킴
4. 담즙 분비 촉진과 담낭 결석에도 유효하며 황달을 치료함

약리작용

소염작용 / 면역증강억제작용 / 항암작용

용량 4~12g

주의사항 음이 허해 출혈하거나 기가 통하지 않고 어혈이 있는 사람 및 임산부의 복용을 금함

은행 銀杏, *Semen Ginkgo*

약성 甘苦, 平, 有小毒

귀경 肺, 腎經

한의학적 효능

1. 폐기(肺氣) 수렴시키고 폐와 위기의 탁기(濁氣)를 제거해 주고 해수, 천식을 진정시켜 숨이 차고 기침이 나는 것을 멎게 함
2. 폐열(肺熱)과 폐허(肺虛)로 인한 해수와 천식 모두에 응용됨
3. 소변이 다량으로 나오는 것을 농축시켜 소변의 양을 줄여 주고 대하의 양도 줄여 줌
4. 습열(濕熱)로 인해 소변 색깔이 희고, 대하의 색깔이 노랗고 냄새가 심할 때에 효과가 있음
5. 살충작용이 있어서 옴이나 전염성 피부염에 쓰이며, 배농작용이 있어 유방염에 적용함
6. 조금만 움직여도 숨이 찬 사람, 대하가 있는 부인, 소변이 잦은 사람에게 좋음

약리작용

항암작용 / 뇌혈류개선작용 / 천식억제작용 / 이담작용 / 거담작용 / 평천작용

용량 하루 5알 이하(어린이) 10알 이내(성인)

주의사항 날것으로 먹으면 독이 약간 있어서 인후를 자극하며, 소아의 경우 경기를 일으키기도 함

원지 遠志, *Radix Polygalae Tenuifoliae*

약성 辛苦, 微溫

귀경 心, 腎經

한의학적 효능

1. 정신을 안정시키고 지력을 높여 심신불안 및 잠을 못 자며 꿈이 많은 증상, 건망증에 유효함
2. 담이 심규에 정체되어 일어난 정신착란, 황홀감 및 잘 놀라고 의지가 박약해지는 증상에 활용됨
3. 감기로 인해 해수와 가래가 많고 객담이 잘 나오지 않을 때 생것을 사용함
4. 종기와 유방염에 내복하고 짓찧어서 술에 적신 다음 환부에 붙여서 치료함

약리작용

거담작용 / 최면작용 / 항경련작용 / 용혈작용 / 혈압강하 / 자궁흥분작용

용량 3~10g

주의사항 위점막 자극작용이 있어 가벼운 메스꺼움이 나타나므로 위염 및 위궤양 환자는 피해야 함

작약 芍藥, *Radix Paeoniae Rubrae*

약성 苦酸, 微寒

귀경 肝, 脾, 肺經

한의학적 효능

1. 혈을 보하고 통증과 땀, 출혈을 멈춘다. 수렴완화·진경·진통제로서 복통·복만(腹滿)·근육긴장·혈액순환 촉진에 쓰임
2. 열병이나 만성질환에 잘못 치료해서 땀을 내거나 설사를 시켜 나타나는 수족 떨림증 및 피부가 떨리는 증상에 양혈(養血), 유간(柔肝), 식풍(息風)의 치료효과가 있음

약리작용

중추신경 억제작용 / 진통, 진정작용 / 위장과 평활근 억제작용 / 위산분비 억제작용 / 혈전 형성 억제작용 / 간기능 보고작용 / 혈압 강하작용

용량 6~15g(적작약)

주의사항 혈허한 사람 및 정기가 허하고 속이 차 발생한 무월경과 월경통이 있는 경우 복용을 금함

지각 枳殼, 지실, *Fructus Aurantii*

약성 苦辛, 微寒

귀경 肺, 脾, 大膀經

한의학적 효능

1. 소화불량, 복부창만, 잦은 트림, 복통 등에 기(氣)의 순행을 원활히 하여 치료함
2. 소화장애로 명치끝이 그들먹하고 답답하며 식욕이 떨어지고 정신과 몸이 피곤한 증상에 쓰임
3. 관상동맥장애로 가슴이 아픈 증상에는 해백, 과루를 배합해서 사용함

약리작용

강심작용 / 장관 평활근 억제작용 / 위장 흥분, 연동 증가작용 / 이뇨작용

용량 4~12g

주의사항 비위가 허하거나 임신부는 복용을 금함

지황 地黃, *Radix Rehmanniae Glutinosae*

약성 甘, 溫

귀경 肝, 腎經

한의학적 효능

1. 대표적인 혈을 보하는 약으로서 그 질이 윤하고 액을 많이 함유하고 있어서 보혈, 정과 골수를 생성하는 효능이 탁월한 약재임
2. 간과 신의 음기 부족으로 관절이 아픈 증상이나 식은땀이 나며 자기도 모르게 정이 밖으로 빠져나가는 증상, 당뇨나 월경부족, 현기증이나 귀울림, 머리가 빨리 하얗게 세는 증상, 소변 시 피가 섞여 나오는 등의 증상을 치료함

약리작용

면역증진작용 / 항노화작용

용량 4~20g

주의사항 점성이 있는 성질을 가지고 있어 위장장애나 소화장애 같은 부작용이 생길 수 있으므로 습과 담이 많은 사람이나 이로 인하여 복부가 그득하고 설사가 있는 사람은 복용을 금함

천궁 川芎, *Rhizoma Ligustici Chuanxiong*

약성 辛, 溫

귀경 肝, 膽, 心經

한의학적 효능

1. 간, 담, 심장으로 들어가 간을 편하게 함(蔬肝)
2. 울체된 것을 푸는(解鬱) 효능이 있어 가슴이 부풀어 오르면서 통증을 느끼거나, 헛배가 부르면서 통증이 있을 때 등의 증상에 사용함
3. 풍습(風濕)을 제거하여 찬바람으로 인한 감기, 두통 등의 증상에 사용함
4. 또한 혈의 기가 약할 때 혈을 잘 통하게 하는 효능이 있어 산후 혈훈(血暈), 즉 어지러운 증상이나 산후복통, 어혈 등의 증상에 사용함
5. 그 외 부기를 빼고 농(膿)을 배설시키는 효능이 있음

약리작용

진통, 진정작용 / 혈압강하작용 / 항균작용

용량 3~10g

주의사항 음이 부족하고 열이 왕성한 사람과 기가 부족한 사람 및 고혈압, 땀 또는 월경이 과다하거나 출혈하는 경우에는 복용을 금함

천문동 天門冬, *Radix Asparagi*

약성 甘苦, 寒, 肺

귀경 脾, 腎經

한의학적 효능

1. 조사(燥邪)가 폐에 침범되어 마른기침을 하고 가래가 없거나 적은 양의 끈끈한 가래를 배출하고 심하면 피가 섞이는 증상에 상엽, 사삼, 행인과 같이 사용함
2. 음허로 인한 해수, 각혈에 활용됨
3. 열병 후기에 인후가 건조하고 갈증이 있는 증상에 활용됨
4. 소갈증으로 입 안이 건조하고 물을 많이 마시는 증상에 유효함

약리작용

탄저균, 연쇄상구균, 폐렴쌍구균, 디프테리아 등의 발육 억제작용 / 진해·거담작용

용량 6~12g

주의사항 비위가 허하고 차서 식사량이 적고 설사하거나 감기로 인해 기침을 할 경우 복용을 피함

치자 梔子, *Fructus Gardeniae*

약성 苦, 寒

귀경 心, 肝, 肺, 胃, 腎, 膀胱經

한의학적 효능

1. 심장, 간, 폐, 위 신장, 방광경으로 들어가 열을 내리고 혈의 열을 차게 하고 열독을 없애는 작용을 한다. 주로 열병으로 열이 많이 났을 때, 가슴이 답답하고 불안할 때, 눈에 핏줄이 서며 붓고 아픈 증상 등에 사용함
2. 쓴맛(苦味)은 건조하고 습하며, 차가운 기운(寒氣)은 열을 내리며 그 성(性)이 위에서부터 아래까지 이르므로 습을 제거하는 작용을 하여 소변을 잘 나가게 하고 입 안이 마르고 눈이 붉어지면서 통증이 있을 때나 몸에 종기 등이 생겼을 때 사용함
3. 간기능을 개선하여 황달, 화병을 치료하고 울화가 났을 때 속을 풀어 주는 치료에도 효과가 있음
4. 방광의 습한 열을 제거하므로 임(淋)병을 치료함
5. 혈을 서늘하게 하여 지혈작용을 하며, 부종과 진통작용이 있음

약리작용

항균작용 / 항바이러스작용 / 소염작용 / 이담작용 / 진정작용 / 해열작용 / 혈압 강하작용

용량 3~10g

주의사항 속이 차거나 음식을 적게 먹고 설사를 하는 사람은 복용을 금함

하엽 荷葉, *Folium Nelumbinis Nuciferae*

약성 苦, 澁, 平, 無毒

귀경 心, 肝, 脾經

한의학적 효능

1. 서열(暑熱)을 없애고, 어혈을 흩으며 설사, 두통과 어지럼증, 야뇨증, 토혈, 코피 등의 출혈증에 좋음
2. 산후 어혈치료에 효과가 있고 해독작용이 있음

약리작용

혈중콜레스테롤강하작용 / 항산화작용 / 항노화작용 / 이뇨작용 / 해독작용

용량 3~10g

주의사항 가슴과 배가 그득하고 단단하면서 변비가 있는 사람은 복용을 피함

고본 藁本, *Rhizoma et Radix Ligustici*

약성 辛甘, 溫

귀경 膀胱, 小腸經

한의학적 효능
1. 매운맛은 발산작용이 강하여 감기로 인한 두통, 발열, 해수, 가래, 콧물 등에 사용함
2. 풍한습(風寒濕)이 원인이 되어 발병한 사지마비 관절통에 사용함
3. 특히, 두정통(頭頂痛, 정수리)의 두통에 효험이 있음

약리작용
고본의 정유(essential oil) 성분은 진정, 진통, 해열, 항염증작용 / 장관 및 자궁평활근 억제 작용

용량 4~12g

주의사항 혈이 부족해 두통이 있거나 간의 양기가 위로 올라가 생긴 두통허열(虛熱)이 있는 자는 복용을 금함

매괴화 玫瑰花, 해당화, *Flos Rosae rugosae*

약성 甘苦, 溫

귀경 肝, 脾經

한의학적 효능
1. 간장과 비장에 작용하여 울체된 것을 풀어 주며 흉복부가 그득하고 아픈 증상을 치료함
2. 기혈을 통하게 하여 생리, 생리 전 유방통, 타박상의 어혈 등에 쓰임

약리작용
담즙분비촉진작용

용량 4~12g

주의사항 음이 허하고 열이 있는 자의 복용을 금함

백합 百合, *Bulbus Lilii*

약성 甘, 微寒

귀경 肺, 心經

한의학적 효능
1. 폐를 촉촉하게 하여 기침을 멎게 하고 심폐음허(心肺陰虛)로 인해 정신이 황홀하고 마음을 가눌 수 없으면서 언어·행동·미각이 상실되었을 때 심(心)에 열을 내려 정신을 편안하게 함
2. 입맛이 쓰고 소변이 붉으면서 맥박이 약간 빠른 증상에 사용함
3. 잠을 깊이 못 자고 꿈이 많은 증상에 좋음

약리작용
진해작용 / 백혈구감소증 / 강장작용 / 항상화작용 / 진정작용 / 항알레르기작용

용량 10~30g

주의사항 풍한감기로 인해 기침하거나 중초가 차서 변이 묽은 자의 복용을 금함

복령 茯苓, *Sclerotium Poriae Cocos*

약성 甘淡, 平

귀경 心, 脾, 腎經

한의학적 효능
1. 수분대사를 조절하여 소변을 잘 보게 하고 비장을 보하고 심장을 편안하게 함
2. 수종을 다스리고 소변을 잘 못 보고 배와 전신이 붓는 증상에 효력을 나타냄
3. 담음(痰飮)으로 해수, 구토, 설사가 있는 것을 치료함
4. 신경과민으로 가슴이 뛰고 잘 놀라며 건망증, 유정(遺精)이 있는 것을 다스리며, 심장부종에도 현저한 반응을 나타냄
5. 동물 실험에서, 토끼의 장관(腸管)을 이완시키는 작용이 확인되었으며, 흰 쥐의 유문부 결찰로 인한 궤양 형성 예방에 효과가 있었음

약리작용
세균증식 억제효과 / 혈당 강하작용 / 심장의 수축력 증강 / 면역증강작용 / 항종양 작용 등

용량 10~15g

주의사항 허한으로 인한 유정, 기허로 인한 빈뇨에는 복용을 금함

소엽 蘇葉, 자소엽, *Folium Perillae Frutescentis*

약성 辛甘, 溫

귀경 肺, 脾經

한의학적 효능

1. 폐, 비경으로 들어가 추위를 발산하고 기를 통하게 하고, 물고기나 게의 독을 풀어 주는 효능이 있음

2. 몸 안의 한(寒)을 밖으로 발산하는 성질이 있어 폐의 기를 통하게 하는 작용이 있어, 주로 감기 걸렸을 때 몸의 풍한(風寒)을 풀어 주고, 열을 발산시켜, 기침이나 기관지천식을 치료함

3. 비(脾)로 들어가 기의 순환이 잘 통하도록 하는 기능이 있어 가슴이 답답하거나 구토 등을 치료함

4. 자소엽은 폐의 풍한(風寒)을 풀어 주는 데 주로 작용하며, 그 줄기는 기를 다스리며 또한 유산을 시키는 작용이 강하고, 그 씨는 기를 떨어뜨리는 작용이 강하여 염증을 제거하고 기침을 멎게 하는 약으로 사용함

약리작용

진정작용 / 해열작용 / 소화촉진작용 / 항균작용 / 지혈작용 / 항혈액응고작용 / 진해, 평천, 거담작용

용량 4~12g

주의사항 오래 전탕하면 안 됨, 땀이 많거나 기허, 표허 증상에 복용을 금함

오매 烏梅, 매실, *Fructus Mume*

약성 酸, 平

귀경 肝, 脾, 肺, 大腸經

한의학적 효능

1. 기침을 멎게 하고 진액을 생성하여 갈증을 막음
2. 혈액응고(止血) 효능이 있음
3. 신맛은 폐의 기를 수렴시키므로 주로 폐가 허하거나 오래된 기침에 사용되며 오래된 설사와 이질도 치료함
4. 진액을 생성하고 음(陰)을 도와주며 갈증(渴症)을 그치게 하므로 몸이 허하여 열이 나고 입 안이 마를 때 주로 사용함

약리작용

회충구제작용 / 평활근이완작용 / 항균작용 / 항알레르기작용 / 항피로작용 / 항노화작용

용량 8~16g

주의사항 열증(熱證) 및 풍한감기 초기, 또는 위산과다자의 복용을 금함. 다량 복용하면 치아와 근육을 상하게 하며 돼지고기와 함께 먹는 것을 금함

죽엽 竹葉, *Folium Phyllostachys nigrae*

약성 辛苦, 寒

귀경 心, 肺, 膽, 胃經

한의학적 효능

1. 열을 내려 주고 갈증을 멈추게 하며 진액을 생성시키고 이뇨에 도움을 줌
2. 심열(心熱)과 위열(胃熱)로 인해 가슴 속이 답답하고 편안치 않아서 팔다리를 가만히 두지 못하는 증상과 갈증에 좋음
3. 심화(心火)로 인해 혓바늘이 돋고 혀가 갈라지는 증상을 다스리며, 열로 인하여 소변을 못보고 입 안이 해지고 소변을 붉게 보는 증상에 효과가 있음

약리작용

거담작용 / 천식억제작용 / 이뇨작용 / 항균작용

용량 8~16g

주의사항 음이 허해 열이 왕성함으로 인한 조열골증(潮熱骨蒸) 또는 비위가 허하고 차서 변이 묽은 경우에는 복용을 금함

초과 草果, *Fructus Tsoko*

약성 辛, 溫

귀경 脾, 胃經

한의학적 효능

1. 비위(脾胃)를 따뜻하게 하고 중초의 습기를 제거하므로 복부가 차고 아픈 증상, 복부창만, 메스꺼움, 구토, 설사에 좋은 반응을 보임
2. 채소를 많이 먹고 복통과 설사를 일으킬 때에도 유효함
3. 약물 달인 물은 장관(腸管) 흥분작용을 나타냄

약리작용

진통작용 / 건위작용 / 소염작용

용량 4~8g

주의사항 기혈(氣血)이 모두 허하거나 한습(寒濕)의 실사(實邪)가 없는 경우에는 복용을 금함

토사자 兎絲子, *Semen Cuscutae*

약성 甘辛, 平

귀경 肝, 辛, 脾經

한의학적 효능

1. 주로 간장과 신장을 보호하고, 눈을 밝게 해주며, 양기(陽氣)를 도와 신장을 튼튼하게 해줌
2. 신장이 허약하여 생긴 남성의 성교 불능증, 정액이 저절로 흐르는 경우, 몽정(夢精)에 효과가 있음
3. 뼈를 튼튼하게 하고 다리와 허리의 힘을 세게 해주며, 신장기능이 허약하여 허리와 무릎이 시린 증상을 치료함
4. 오줌소태와 소변을 잘 보지 못하는 증상, 설사를 낫게 하며 당뇨에도 효과가 있음

약리작용

백내장치료작용 / 항암작용 / 강심, 혈압 강하작용 / 에스트로겐 유사작용

용량 6~12g

주의사항 음이 허해 열이 왕성하거나, 대변이 마르고 딱딱한 경우 및 소변이 붉고 양이 적을 경우에는 복용을 금함

참고문헌 | REFERENCE

김호철(2001). 한약약리학. 집문당.

김호철(2003). 한방식이요법학. 경희대학교 출판국.

대사증후군의 관리 진료실 가이드, 대한비만학회 2008.

박현서 외(2002). 식생활과 건강. 효일출판사.

서울시 대사증후군관리사업지원단 2009.

안덕균(2006). 한국본초도감. 교학사.

임현정·조금호·조여원(2005). 고지혈증 환자에서 의학영양치료와 병행하여 섭취한 기능성차 (상엽, 구기자, 국화, 대추, 참깨, 나복자)의 혈중 지질 농도 저하 및 항산화 효과. 한국식품 영양과학회지 34(1), 42-56.

장유경 외(2010). 임상영양학. 신광출판사.

2005 국민건강영양조사.

대구한의대학교 한방생명자원연구센터, http://www.dhu.ac.kr/new_home/rrc/search.html

대한개원내과의사회, http://www.physician.or.kr

식품원재료, http://fse.foodnara.go.kr/origin

찾아보기

집필 · 연구진

조여원
경희대학교 동서의학대학원 교수
경희대학교 임상영양연구소장
한국영양학회 회장
한국임상영양학회 부회장
지질동맥경화학회 이사

임현정
미국 Johns Hopkins School of Public Health 연구원
경희대학교 임상영양연구소 선임연구원
경희대학교 학술연구교수

김윤영 경희대학교 임상영양연구소 선임연구원
이인회 경희대학교 임상영양연구소 연구원
김남희 경희대학교 임상영양연구소 연구원
박진희 경희대학교 임상영양연구소 연구원
석완희 경희대학교 임상영양연구소 연구원

기획 · 편집

전영춘 농촌진흥청 국립농업과학원 농식품자원부장
김행란 농촌진흥청 국립농업과학원 전통한식과장
최정숙 농촌진흥청 국립농업과학원 전통한식과 농업연구관
박영희 농촌진흥청 국립농업과학원 전통한식과 농업연구사
이진영 농촌진흥청 국립농업과학원 전통한식과 농업연구사
강민숙 농촌진흥청 국립농업과학원 전통한식과 농업연구사

번 역

김종희 호텔롯데서울 조리팀

Thibault Souchon
Sofitel Legend Metropole Hanoi, Vietnam

감 수

김호철 경희대학교 한의과대학 교수
이경섭 강남경희한방병원 병원장

대사증후군 예방을 위한
약선 레시피

초판 1쇄 발행 2020년 07월 10일
초판 2쇄 발행 2021년 01월 08일
지은이 국립농업과학원
펴낸이 이범만
발행처 **21세기사**
등록 제406—00015호
주소 경기도 파주시 산남로 72-16 (10882)
전화 031)942-7861 팩스 031)942-7864
홈페이지 www.21cbook.co.kr
e-mail 21cbook@naver.com
ISBN 978-89-8468-878-0

정가 19,000원